야채도 맛있는 도시락

제작에 참여한 스태프
촬영 | 다케다 슌고　스타일링 | 우에라 미키　디자인 | 이바 마사루·이바 사다에
취재·글 | 야마가타 쿄코　요리협력 | 쿠보타 야스코(카모메 식당)　편집 | 스즈키 리에

소박하지만
알찬
한 끼 레시피 139

—

후나하시 리츠코 지음 ◦ 박명신 옮김

야채도 맛있는 도시락

책밥

야채도 맛있는 도시락

소박하지만 알찬 한 끼 레시피 139

2020년 6월 15일 1판 1쇄 인쇄
2020년 6월 20일 1판 1쇄 발행

—

지은이 후나하시 리츠코
옮긴이 박명신
펴낸이 이상훈
펴낸곳 책밥
주소 03986 서울시 마포구 동교로23길 116 3층
전화 번호 02-582-6707
팩스 번호 02-335-6702
홈페이지 www.bookisbab.co.kr
등록 2007.1.31. 제313-2007-126호

—

기획 권경자
진행 기획부 권장미
디자인 디자인허브 이혜진

—

ISBN 979-11-90641-05-0 (13590)
정가 16,800원

—

책밥은 (주)오렌지페이퍼의 출판 브랜드입니다.

이 도서의 국립중앙도서관 출판예정도서목록(CIP)은 서지정보유통지원시스템 홈페이지
(http://seoji.nl.go.kr)와 국가자료종합목록시스템(http://www.nl.go.kr/kolisnet)에서
이용하실 수 있습니다. (CIP제어번호 : CIP2020019570)

本日のおやつ
イートインのみ
・プリン 300円
・レモンケーキ 350円

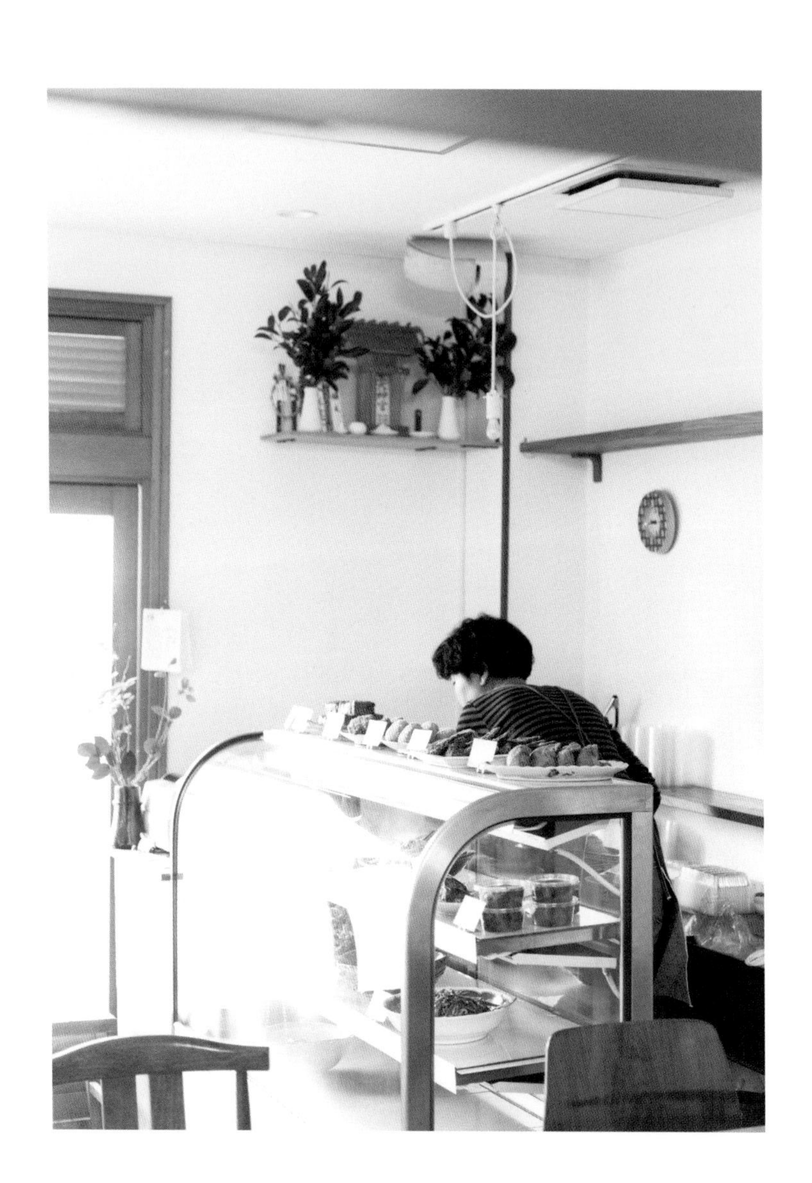

かもめ食堂
かもめ食堂

보통 카모메 식당 도시락은 매일 만드는 정식 반찬과 포장용 반찬 중에서 5가지를 골라 담는다. 별도의 반찬용기를 사용하기 때문에 국물 있는 조림 요리든 무엇이든 담을 수 있지만 단맛, 신맛, 짠맛과 같은 음식의 맛과 식감, 조리방법 등이 겹치지 않도록 균형을 꼼꼼히 따져 만들고 있다. 이 책의 도시락도 여느 때와 같이 꼼꼼히 따져 만들었다.

카모메 식당의 레시피인지라 조리과정이 많은 요리도 있어 조금 어려울 수 있지만 준비를 제대로 한 요리는 시간이 지나도 맛이 잘 변하지 않고 오래 간다. 매일 식탁에 오를 수 있도록 많이 만들다 보면 번거로워도 만든 보람이 있을 것이라 생각한다.

카모메 식당의 반찬은 격식 차린 식사가 아니기 때문에 '와~!' 하는 환호성이 터지는 일은 없다. 하지만 모두의 입맛에 익숙하고 사르르 녹아들어가 나도 모르게 '아, 맛있게 잘 먹었어'라고 말하게 되는 요리이길 바란다. 나는 항상 그런 상상의 나래를 펼치며 정성스럽게 요리를 만들고 있다.

많은 분들이 이 책의 도시락과 요리를 만들어 보고 '아, 맛있게 잘 먹었어'라고 진심으로 말해 주면 나는 그것으로 만족할 것이다.

카모메 식당

후나하시 리츠코

CONTENTS

카모메 식당의 반찬들

메인 반찬

밑반찬

本日のおやつ
イートインのみ
・プリン 300円
たまごコロッケ
100円
白和え
野菜の甘酢
五目きんぴら
煮豆
かもめ弁当
おまかせ
700円

읽어 보세요!

재료 분량

- 1작은술은 5cc, 1큰술은 15cc, 한 컵은 200cc를 말한다.
- 야채 분량은 감자와 토란의 경우 껍질을 벗기지 않은 분량이다. 그 외의 야채는 껍질을 벗기거나 씨를 제거한 후의 분량이다.
- 두부는 1모 350g, 곤약은 한 장에 250g, 유부는 1장에 8cm×15cm 크기를 사용한다.

육수

- 육수는 다시마와 가다랑어포를 사용해 처음 우려낸 육수를 사용한다.

조리도구

- 가열할 때 불 조절은 가스레인지를 기준으로 한다.
- 전자레인지는 600W를 기준으로 한다.
- 프라이팬은 불소수지 코팅한 것을 사용하고 있다.

조미료

- 설탕은 백설탕, 소금은 굵은 소금, 식초는 곡류식초, 튀김용 기름은 식용유를 사용하고 있다.
- 간장은 별도의 기재가 없는 경우 진간장을 사용하고 있다.

재료 손질

- 야채나 과일은 별도 기재가 없는 경우 씻어서 껍질을 벗겨 뿌리, 씨, 꼭지, 줄기 등을 제거하고 사용한다.
- 고구마는 별도 기재가 없는 경우 껍질을 벗기지 않고 사용한다.

음식 보관

- 보관할 요리는 깨끗한 용기에 넣어 냉장 보관하거나 각각 적절한 방법으로 냉동 보관한다(24-25쪽 참조).

확인하세요!

맛, 식감, 풍미를
더하기 위한 요리팁이나
응용 방법 등에 대해
소개한다.

전날 준비
보관 방법

전날까지 준비해 둘 수 있는
레시피 번호와 보관 기간 등을
기재해 두었다.

약간의 변형으로
만들 수 있는 레시피를 정리.
다른 재료로도 한번
만들어 보는 것을 추천한다.

맛있는 도시락을 위한 7가지 팁

도시락은 만들어 바로 먹지 않고 시간이 지나서 먹는 경우가 대부분이다.

카모메 식당의 반찬도 마찬가지다. 매일 이른 아침에 만들기 시작해 점심부터 저녁까지 가게에 진열해 두고 판매하게 된다. 이 책에서는 가게 운영 경험을 바탕으로 도시락 만들기에 활용할 수 있는 여러 방법을 정리해 놓았다. 직접 만든 도시락은 뚜껑을 열 때 조금은 두근거리는 작은 만찬이다. 식어도 맛있고 힘이 솟을 것 같은 도시락을 꼭 한번 만들어 보길 바란다.

1 맛, 식감, 조리법이 겹치지 않는 조합을 만든다

카모메 식당 정식과 도시락에서 중요한 건 맛과 식감, 조리법이 치우치지 않고 균형 잡힌 요리를 만드는 것. 먼저 메인 메뉴를 정하고 거기서부터 생각한다. 예를 들면 달고 짭조름한 조림을 넣고 싶다면 메인 메뉴로 소금 간한 튀김을, 입가심으로는 깔끔한 초절임을 넣는 식이다. 요리 색감도 고려하지만 이는 너무 신경 쓰지 않아도 된다. 방울토마토를 곁들인다든지 밥 위에 우메보시나 검은깨를 얹는 방법만으로도 먹음직스러워진다.

수제 소스 3가지

카모메 식당의 참깨 소스(51쪽), 미소된장 소스(98쪽), 데리야끼 소스(139쪽)는 재료와 섞기만 해도 되는 수제 조미료다. 오래 보관이 가능하기 때문에 여러 가지 반찬에 활용할 수 있도록 한꺼번에 만들어 두면 편리하다.

2 야채 다듬기는 한꺼번에, 재료 준비는 전날 하기

카모메 식당에서는 모든 요리를 직접 만들기 때문에 음식 준비는 매일 새벽 3시부터 시작한다. 그렇게 해도 야채 다듬기는 여러 번 모아서, 자르는 건 메뉴마다 전날 해두지 않으면 시간이 부족하다. 집에서 만드는 도시락도 처음부터 전부 아침에 만들기는 힘들다. 물론 시간적 여유가 있으면 당일 만드는 것을 추천하지만 할 수 있는 것은 전날 미리 준비해 두면 부담을 조금 덜 수 있다. 한두 가지 반찬 정도는 전날 남은 저녁 반찬을 그대로 활용해도 좋다. 이 책에는 전날 조리해 둬도 지장이 없는 레시피를 담았다. 야채껍질 손질 후 보관 방법과 미리 잘라 둘 때 보관 방법은 아래를 참조하면 된다(냉장 필수).

한 번에 손질하는 야채

- 양파, 당근 등: 껍질을 벗기고 비닐봉지에 담아 공기가 닿지 않도록 묶어 둔다.
- 우엉: 수세미로 표면을 문질러 씻고 1개씩 비닐랩에 싸 둔다.

※우엉을 손질한 후에는 변색될 수 있다

전날 자르는 야채

- 양파, 당근, 피망, 무, 배추, 양배추 등: 메뉴에 맞는 크기로 잘라 비닐봉지에 담아 공기가 닿지 않도록 묶어 둔다.
- 감자 등: 메뉴에 맞는 크기로 잘라 물을 채운 용기에 담가 둔다.

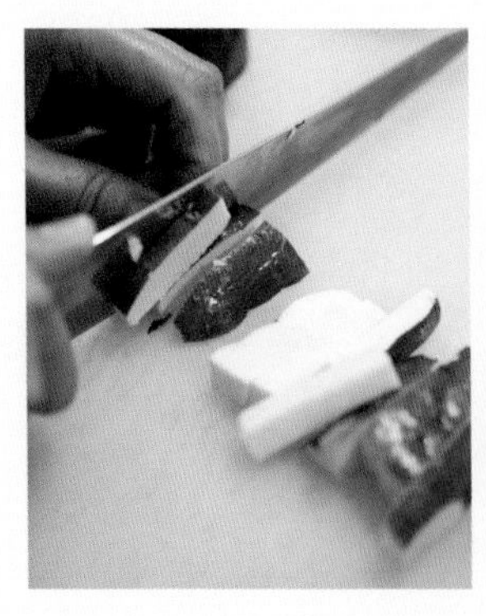

3 시간이 지나도 맛있게 먹는 비법 — ① 과정 하나하나를 성심껏

● 물기 빼기

재료에 물기가 남아 있으면 양념이 잘 배지 않고 상하기 쉬우니, 무치거나 볶기 전에는 물기를 반드시 빼야 한다. 수분이 많은 두부는 소금물에 데치면 오래 보관할 수 있어 추천한다.

소금물에 두부 데치기

냄비에 두부와 물을 넣고 소금을 조금 더해 끓인다. 끓기 시작하면 중불로 바꾸고 두부가 올라오면 체에 발쳐 물기를 빼고 식혀 둔다.

※중간에 뒤집으면 좀 더 빨리 식힐 수 있다. 두부를 옮기기 힘든 경우에는 키친타월을 체에 깔면 된다.

● 미리 데치기

단단한 야채, 튀긴 두부, 믹스빈즈, 찐 콩 등은 한 번 가볍게 데치면 양념이 잘 밴다. 조금 번거롭지만 재료에 간이 잘 배면 맛과 상태의 변화가 적어 오래 보관할 수 있다.

● 간하기

조미료를 넣는 타이밍도 중요하다. 소금은 뜨거울 때, 마요네즈는 분리되지 않도록 열을 식힌 뒤, 파래가루는 색이 변하기 때문에 완전히 식은 후 등 재료의 특성에 맞춰 단계별로 넣으면 맛도 상태도 크게 변하지 않는다.

4 시간이 지나도 맛있게 먹는 비법 — ② 샐러드용 야채는 쪄서 사용한다

감자 샐러드나 마카로니 샐러드 등에 넣는 야채는 대부분 생으로 쓰지 않고 야채 종류에 따라 체에 넣어 '쪄서' 사용한다. 찌면 시간이 지나도 야채에서 수분이나 냄새가 나지 않기 때문에 요리 전체의 맛과 상태가 변하지 않고 오래 간다. 게다가 야채의 감칠맛과 단맛은 더해지고 매운맛은 사그라들어 훨씬 맛이 좋아진다. 감자, 양파, 당근, 고구마 등 기본적으로 무엇이든 찌면 되지만 야채가 부서지지 않도록 찌는 시간을 종류와 크기에 따라 조절한다.

5 시간이 지나도 맛있게 먹는 비법 — ③ 밑간을 해둔다

고기에 소금, 후추를 뿌려 밑간을 한 프라이팬에 구워 양념에 무치기, 삶은 콩과 톳에 설탕, 간장, 식초를 넣고 야채를 무쳐 샐러드를 만든다. 이 같은 방법으로 재료 자체에 밑간을 해두면 요리 전체의 맛이 희미해지지 않고 시간이 지나도 맛을 유지할 수 있다. 간이 배어 있으면 마무리에 쓰는 소스나 마요네즈 양을 적게 해도 되기 때문에 그야말로 일석이조다. 튀김도 재료 자체에 제대로 간을 해 두면 폰즈간장이나 소스, 케첩 등을 곁들이지 않아도 된다. 도시락에도 간편하게 넣을 수 있다.

6 재료를 살려 식감의 강약 조절하기

식감은 요리의 느낌을 좌우하는 핵심이다. 사각거리는 야채의 식감이 맛있는 무침이나 폭신하고 보드라운 달걀말이 등은 가열 시간과 불 조절이 매우 중요하다. 특히 브로콜리나 푸른 야채 등을 삶을 때는 좀 이르다 싶을 때가 딱 알맞은 때다. 볶음 요리도 조림이 되지 않도록 강불로 마무리하는 게 포인트다. 여열로도 금방 부드러워지니 조심해야 한다. 가게에서는 삶거나 찌면 즉시 선풍기로 식히거나 물기를 빼 식힌다. 집에서는 부채를 사용해 식히면 된다.
으깬 두부 야채 무침의 두부는 입안에서 살살 녹게 만들고 싶은 메뉴다. 되도록 부드럽게 만들기 위해 통깨와 두부를 정성껏 빻는다. 가게에서는 양이 많아 블렌더를 사용하기도 한다. 그러면 금방 크림 같은 식감을 만들 수 있다. 집에 있으면 한번 사용해 보시길 바란다.

7 한꺼번에 만들어 두고 냉동 보관을 활용한다

가게 음식은 모두 그날 아침에 완성하지만 내 도시락을 만들 때는 톳이나 조린 콩을 한꺼번에 만들어 냉동 보관했다가 해동해 사용하는 등 냉동 재료를 활용할 때도 있다. 멘치카츠도 튀기고 나서 비닐랩에 싸 냉동해 두고 도시락에 넣을 때는 전자레인지에 해동한 후 오븐으로 데우기만 하면 된다. 아침에 만들 때는 필요한 양만 준비하면 되기 때문에 아주 편리하다. 그 외에도 물에 불린 마른 표고버섯이나 달걀지단 등 편리한 냉동 활용법이 많다. 여기서는 도시락에 활용할 수 있는 것을 정리해서 소개한다(더 자세한 냉동 보관법은 24-25쪽 참조).

도시락 만들기가 수월해지는 냉동 보관

	품목	냉동법	해동법	메모
식재료	◦ 달걀지단	비닐랩에 싼다.	자연 해동 전자레인지 사용 가능	양이 남았을 때 냉동한다. 고명에 쓸 때는 조리 후 금방 만든 것을 추천한다.
	◦ 마른 표고버섯 물에 불린 것	줄기를 제거하고 랩에 하나씩 싼다.	자연 해동 전자레인지 사용 가능	용도에 따라 채썰어 놓은 것을 냉동하면 편리하다.
	◦ 찐 콩	찌고 식힌 것을 소분해서 비닐봉지에 넣는다.	얼린 채로 가열 조리	[콩 찌는 방법] 대두 1kg을 밀폐용기에 넣고 베이킹소다 한 꼬집과 물 5L를 넣어 하룻밤 냉장고에 재워 둔다. 체에 밭쳐 물로 헹구고 체와 함께 그대로 찜기에 넣어 부드러워질 때까지 강불로 약 1시간가량 찐다.
	◦ 채썬 유부	소분해서 랩에 싼다.	자연 해동 또는 얼린 채로 가열 조리	
	◦ 삶은 시금치 ◦ 브로콜리	소분해서 랩에 싼다.	자연 해동 또는 얼린 채로 가열 조리	해동하면 수분이 나와 식감이 부드러워지기 때문에 얼린 채로 수프나 조림 요리 에 쓰는 것을 추천한다.
	◦ 미소된장에 절인 생선	미소된장을 씻어낸 후 물기를 닦고 하나씩 랩에 싼다.	냉장고에서 천천히 해동한 후 그릴 등에서 굽는다.	

	품목	냉동법	해동법	메모
반찬	◦ 조린 콩 ◦ 톳 조림 ◦ 무말랭이 ◦ 비지 조림 ◦ 우엉과 잎새버섯 볶음	반찬용기에 소분한 것을 밀폐용기에 넣고 비닐랩을 씌워 뚜껑을 닫는다.	자연 해동 또는 얼린 채로 도시락에 넣어둔다.	톳이나 비지 조림에 들어간 곤약이 조금 쪼글쪼글해지지만 먹을 때 거슬리는 정도는 아니다.
	◦ 멘치카츠 ◦ 고로케	비닐랩에 하나씩 싼다.	자연 해동 또는 전자레인지로 잠깐 해동하고 오븐으로 가운데가 뜨거워질 때까지 데운다.	전자레인지로 너무 데우면 고기 잡내가 나므로 주의한다. ※ 고기 요리 모두 해당
	◦ 슈마이(사오마이, 중국 딤섬)	그릇에 달라붙지 않도록 냉동하고 얼면 떼어 내어 비닐봉지에 넣는다.	얼린 채로 또는 자연 해동하여 물에 넣었다 그릇에 올린다. 랩을 넉넉하게 씌워 전자레인지에 데운다.	얼린 채로 어묵탕이나 나베 요리에 넣는 것도 추천한다. 얼린 채로 튀길 때는 중온에서 천천히 튀긴다.
	◦ 츠쿠네(일본식 고기 경단)	비닐랩에 하나씩 싸서 보관한다.	냉동한 채로 또는 자연 해동하여 전자레인지에 데운다.	

임팩트 있는 조림 도시락

◦ 달걀 떡갈비 조림
◦ 우엉 경수채 참깨 샐러드
◦ 유자 순무 초절임
◦ 다시마 조림

메인 반찬은 입맛을 돋우는 중화요리풍의 큼직한 떡갈비.
햄버그만 한 크기라도 촉촉하고 부드러워 부담 없이 즐길 수 있다.
같이 조린 달걀에도 간이 배어 이것만 먹어도 배가 부르다.
새콤한 샐러드와 깔끔한 초절임을 곁들이면 충분하다.
취향에 따라 달콤짭잘한 다시마를 밥에 곁들여도 좋다.

04
03
01
02

01

달걀 떡갈비 조림

[조리법]

1 » 부추는 4cm 크기로 자른다.

2 » 양파는 잘게 썰어 볶은 후 바로 열을 식혀 둔다.

3 » 다진 돼지고기에 **A**와 **2**를 더해 4등분해서 동그랗게 만든다.

4 » 프라이팬에 식용유를 둘러 달구고 떡갈비를 굴리며 중불로 천천히 굽는다. 전체가 노릇해지면 뚜껑을 덮고 약불로 5분간 더 굽는다. 국물이 1/3 정도가 되면 부추와 식초를 넣고 재빨리 섞는다.
도시락에는 국물을 적당히 덜어낸다. 부추를 깔고 떡갈비를 얹은 다음 달걀을 반으로 잘라 넣는다.

[재료] 2인분

- 돼지고기(다진 것) 200g
- 달걀(삶은 것) 2개
- 부추 1/2단
- 양파(큰 것) 1/4개(80g)
- 식초 1/2큰술

A 달걀(푼 것) 1/2개
빵가루 3큰술
우유 1큰술
소금 조금
후추 조금
육두구(넛맥) 조금

B 물 2/3컵
치킨스톡 1/2작은술
굴소스 1큰술 반

전날준비 완성 또는 **2**까지 OK
보관방법 냉장고에서 약 2일

Tip

만들어 둔 음식을 다시 데울 때는 국물이 적기 때문에 전자레인지에 데우는 것을 추천한다. 삶은 달걀은 터지기 때문에 반드시 반으로 잘라서 데운다.

02

우엉 경수채 참깨 샐러드

[조리법]

1 » 우엉과 당근은 성냥개비 정도 크기로 자른다. 끓는 물에 우엉부터 넣고 조금 뒤에 당근도 넣는다. 씹히는 맛이 조금 남을 정도로 삶는다. 체에 옮겨 물기를 말끔히 빼 볼에 옮긴 다음 **A**로 밑간을 하고 식힌다.

2 » **B**의 드레싱으로 무친 후 3~4cm로 자른 경수채도 넣고 가볍게 섞는다.

[재료] 2인분

- 우엉 1개(200g)
- 당근 1/3개(70g)
- 경수채 1/3단

A 설탕 1작은술
간장 1작은술
식초 2작은술

B ◎ **드레싱**
마요네즈 3큰술
식초 1큰술
설탕 1작은술
미소된장 1/2작은술
간장 1작은술
깨(으깬 것) 1큰술 반

전날준비 **1**까지 OK
보관방법 냉장고에서 약 2일

03

유자 순무 초절임

응용 레시피 32쪽

[조리법]

1 » 순무는 얇게 은행잎 모양으로 자른 후 소금을 뿌려 잠시 둔다.

2 » 유자 껍질을 얇게 깎아 잘게 썰고 과즙은 짜낸다.

3 » 볼에 물기를 충분히 빼낸 1을 넣고 2와 A를 더해 섞은 후 반나절 둔다.

[재료] 만들기 쉬운 양

- 순무(중간 크기) 3개(350g)
- 소금 1작은술
- 유자 1/2개

A 설탕 3큰술
식초 100cc

전날 준비 모두 필수

보관 방법 냉장고에서 약 7일

04

다시마 조림

[조리법]

1 » 다시마는 2cm 크기로 자른다.

2 » 냄비에 1과 가다랑어포를 넣고 중불에서 국물이 없어질 때까지 조린다. 국물이 줄어들면 타지 않도록 저으면서 끓인다.

Tip

육수를 끓인 후의 다시마는 2cm 크기로 잘라 냉동해 두고 한꺼번에 끓여 사용할 수도 있다.

[재료] 만들기 쉬운 양

- 다시마(육수를 내고 난 것) 10cm×3장

A 물 150cc
설탕 2큰술
청주 1큰술
맛술 1큰술
간장 2큰술
가다랑어포 적당량

전날 준비 재료 준비까지 OK

보관 방법 냉장고에서 약 5일간

응용 레시피

초절임

유자 배추 초절임

[조리법]

1 » 배추심은 섬유선에 따라 길이 5cm, 폭 5mm 크기로 자른다. 이파리는 섬유 방향과 수직이 되도록 하여 폭 1cm 크기로 자르고 소금을 뿌려 5분간 둔다.

2 » 이후 과정은 31쪽의 '유자 순무 초절임' **2**, **3**과 같다.

[재료] 만들기 쉬운 양

- 배추(큰 것) 1/8개(350g)
- 소금 1작은술
- 유자 1/2개

A 설탕 넉넉한 3큰술
식초 100cc

전날준비 모두 필수
보관방법 냉장고에서 약 7일간

유자 무 초절임

[조리법]

1 » 무는 얇게 은행잎 모양으로 자른 후 소금을 뿌려 5분간 재워 둔다.

2 » 이후 과정은 31쪽의 '유자 순무 초절임' **2, 3**과 같다.

[재료] 만들기 쉬운 양

- 무 8cm(350g)
- 소금 1작은술
- 유자 1/2개

A 설탕 3큰술
식초 100cc

전날준비 모두 필수

보관방법 냉장고에서 약 7일간

순무 금귤 초절임

[조리법]

1 » 순무는 은행잎 모양으로 자른 후 소금을 뿌려 5분간 둔다.

2 » 금귤은 얇은 원형 모양으로 자른 후 씨를 제거한다.

3 » 볼에 **A**를 더해 **2**와 물기를 짠 **1**을 넣고 버무린 후 반나절 재워 둔다.

[재료] 만들기 쉬운 양

- 순무(중간 크기) 3개(350g)
- 소금 1작은술
- 금귤 10개

A 설탕 3큰술
식초 100cc

전날준비 모두 필수

보관방법 냉장고에서 약 5일간

볶은 양파가
촉촉하고 부드러운
떡갈비다.

고기말이 도시락

◦ 부추 숙주나물 유자후추 고기말이
◦ 구운 단호박 생강 양념장
◦ 비지 조림
◦ 여주 미소된장 무침

메인을 장식할 요리는 감칠맛이 가득한 야채를 고기로 돌돌 말아 구운 고기말이 반찬.
양이 많고 자르면 요리의 색감도 살아난다.
유자후추 풍미의 달콤짭조름한 맛은 도시락에 안성맞춤이다.
단호박과 여주는 양념장이나 무침으로 만든다.
알록달록하고 다양한 식감을 즐길 수 있다.
흰쌀밥을 담을 때는 비지 조림을 밥 위에 얹어도 좋다.

04
03
01
02

01

부추 숙주나물 유자후추 고기말이

응용 레시피 41쪽

[조리법]

1 » 굵은 숙주나물을 씻어서 체에 옮겨 물기를 충분히 뺀다. 부추는 5cm로 자른다.

2 » A를 섞어 둔다.

3 » 삼겹살을 펴 끝에 굵은 숙주나물과 부추를 1/4씩 올려 말아 준다. 고기에 밀가루를 얇게 묻힌다.

4 » 프라이팬에 식용유를 조금(분량 외) 넣고 가열해 중불에서 굴리며 굽는다.

5 » 남은 기름은 닦아낸 후 A를 발라 준다.

[재료] 만들기 쉬운 양

- 삼겹살(얇게 썬 것) 4장
- 숙주나물(굵은 것) 100g
- 부추 1/2단
- 밀가루 적당량

A 청주 1큰술
맛술 1큰술
간장 1큰술
유자후추 1/2작은술

전날준비 1까지 OK
보관방법 불가

Tip

유자후추의 양은 각자 취향에 맞게 조절한다.

02

구운 단호박 생강 마리네

[조리법]

1 » 단호박은 7~8mm 굵기로 얇게 썬다. 양파도 얇게 썬다.

2 » 볼에 **A**를 섞어 둔다.

3 » 프라이팬에 식용유를 넣고 가열한 후 단호박을 나란히 올리고 소금을 조금 뿌린다. 뚜껑을 덮고 중불에서 굽는다. 양면이 노릇하게 익으면 **2**의 볼에 옮긴다.

4 » 같은 프라이팬에 식용유(분량 외)를 더해 양파의 숨이 죽을 때까지 볶은 후 **1**의 볼에 옮겨 무친다.

[재료] 만들기 쉬운 양

- 단호박 1/8개(150g)
- 양파 1/4개(80g)
- 식용유 2작은술

A 식초 2큰술
꿀 1큰술
간장 1작은술
생강(간 것) 1/2작은술

전날준비 완성 또는 **1**까지 OK
보관방법 냉장고에서 약 5일간

Tip

단호박은 모양이 일그러지기 쉽기 때문에 익은 것부터 볼에 옮겨 둔다.

03

비지 조림

[조리법]

1 » 당근은 은행잎 모양으로 썬다. 우엉은 얇게 썰어 식초물에 헹군 후 체에 옮겨 물기를 빼 둔다. 곤약은 4등분해 얇게 썰어 삶은 후 거품과 불순물을 걷어 낸다. 유부는 가로로 반 자른 후 얇게 썬다. 말린 표고버섯은 미지근한 물에 담가 불린 후 물기를 빼고 얇게 썬다.

2 » 냄비에 1과 육수를 넣고 뚜껑을 덮은 후 약불로 20분 정도 끓인다. A를 더해 5분 더 끓인 후 뚜껑을 열어 B와 비지를 넣고 중불에서 국물이 없어질 때까지 중간중간 저어 주면서 조린다.

3 » 쪽파를 잘게 썰어 달걀 푼 것과 같이 섞은 후 조린다.

[재료] 만들기 쉬운 양

- 비지 200g
- 당근(중간 크기) 1/5개(40g)
- 우엉 1/4개
- 곤약 1/4장
- 표고버섯(말린 것) 1개
- 유부 1/2장
- 육수(표고버섯 끓인 물) 3컵
- 달걀(푼 것) 1/2개 분량
- 쪽파 적당량

A 설탕 2큰술
맛술 1/4컵

B 소금 1/4작은술
간장(엷은 맛) 1큰술 반

전날준비 완성까지 OK

보관방법 냉장고에서 약 5일간
(냉동 가능. 24-25쪽 참조)

숙주나물과 부추가 사각사각
씹히는 식감이 맛있는 고기말이.
달콤짭잘한 유자후추를 더해
질리지 않는 어른 입맛
요리로 완성했다.

04

여주 미소된장 무침

[조리법]

1 » 여주는 세로로 반 잘라 씨와 속을 제거한다. 얇게 썰어 소금(분량 외)을 뿌려 5분 정도 둔다. 소금이 묻은 여주를 그대로 뜨거운 물에 넣고 삶은 뒤 찬물에 넣었다가 물기를 뺀다.

2 » 땅콩은 굴러가지 않도록 도마 위에 키친타월을 깔고 빻는다.

3 » 여주와 땅콩을 A와 무친다.

[재료] 만들기 쉬운 양

- 여주 1/2개
- 땅콩 1큰술

A 미소된장 2/3큰술
설탕 2/3큰술
청주 1/2큰술

전날준비 완성하거나 **2**까지 OK
보관방법 냉장고에서 약 2일간

응용 레시피

고기말이

튀긴 두부 고기말이

[재료] 2인분

- 튀긴 두부 2장(1장 150g)
- 삼겹살(얇은 것) 4장
- 소금, 후추 각각 조금
- 밀가루 적당량
- 데리야끼 소스(139쪽 참조) 2~3큰술

전날준비 모두 필수

보관방법 냉장고에서 약 5일간

[조리법]

1 » 튀긴 두부는 기름을 빼고 반으로 자른다.

2 » 삼겹살을 펴놓고 소금, 후추를 가볍게 뿌린다.

3 » **2**의 끝에 튀긴 두부를 하나씩 올린 후 돌돌 말아 준다.

4 » 고기에 밀가루를 얇게 뿌린다. 프라이팬에 식용유(분량 외)를 둘러 가열한 후 중불에서 굴리며 5분 동안 굽는다.

5 » 노릇해졌으면 키친타월로 남아 있는 식용유를 닦아낸 뒤 데리야끼 소스를 더해 소스가 조금 남을 정도가 될 때까지 섞으며 조린다.

애호박 고기말이카츠

[조리법]

1 » 애호박은 꼭지를 잘라 내고 세로로 이등분한 후 다시 가로로 반 자른다.

2 » 삼겹살을 펴놓고 소금, 후추를 충분히 뿌려 준다.

3 » **2**의 끝에 **1**을 하나씩 올리고 돌돌 말아 준다.

4 » 밀가루, 달걀 푼 것, 빵가루의 순서대로 옷을 입힌 후 170도로 가열한 기름에 넣어 뒤집으면서 노릇노릇해질 때까지 3~4분 가량 튀긴다.

[재료] 4개 분량

- 애호박(작은 것) 1개
- 삼겹살(얇은 것) 4장
- 소금, 후추 각각 적당량
- 튀김용 기름 적당량

◎ **튀김옷**
밀가루, 달걀(푼 것),
빵가루 각각 적당량

전날준비 불가

보관방법 불가

삼겹살에 소금, 후추를 충분히 뿌려 주면 소스가 없어도 맛있다.

양파 고기말이카츠

[조리법]

1 » 양파는 위아래 부분을 잘라 내고 둥글게 4등분으로 자른다. (잘라 낸 위아래 부분은 다른 요리에 사용)

2 » '애호박 고기말이카츠'의 과정 **2~4**와 동일하다.

[재료] 4개 분량

- 양파(작은 것) 1개
- 삼겹살(얇은 것) 4장
- 소금, 후추 각각 적당량
- 튀김용 기름 적당량

◎ **튀김옷**
밀가루, 달걀(푼 것),
빵가루 각각 적당량

전날준비 불가

보관방법 불가

새송이버섯 고기말이

[조리법]

1 » 새송이버섯은 길이가 짧으면 그대로 쓰고, 길면 반으로 잘라 1cm 크기의 막대 모양으로 자른다.

2 » 삼겹살을 펴놓고 소금, 후추를 가볍게 뿌린다.

3 » 새송이버섯을 4등분하여 **2**의 끝에 올린다. 풀리지 않게 주의하며 돌돌 말아 준다.

4 » '튀긴 두부 고기말이'의 과정 **4, 5**와 동일하다.

[재료] 4개 분량

- 새송이버섯 1팩
- 삼겹살(얇은 것) 4장
- 소금, 후추 각각 조금
- 밀가루 적당량
- 데리야끼 소스(139쪽 참조) 2~3큰술

전날준비 불가

보관방법 불가

Tip

새송이버섯은 구우면 가늘어지기 때문에 단단히 조여지도록 돼지고기를 말아 준다.

치킨난반 도시락

◦ 치킨난반
◦ 모둠 야채 참깨 무침
◦ 순무 셀러리 절임
◦ 가지와 튀긴 두부 조림

모두가 좋아하는 치킨난반. 금방 튀긴 닭고기에 간이 배게 해놓고
담백한 타르타르 소스와 같이 먹으면 질리지 않고 맛있게 먹을 수 있다.
국물이 천천히 스며든 조림과 사각사각 씹히는 참깨 무침 등
밀반찬에는 야채 반찬을 듬뿍 넣자.
디저트를 곁들인다면 제철 과일을 추천한다.

01
04
02
03

01

치킨난반

[조리법]

1 » A를 한 번 끓인다.

2 » 닭고기는 한입 크기로 잘라 소금, 후추를 뿌린다. 밀가루를 뿌린 후 달걀 푼 것에 적셔 160도로 가열한 기름에 튀긴다. 표면이 굳으면 뒤집어서 130도에서 5분, 고온(185~190도)으로 올려 1~2분 정도 튀긴 후 바로 A와 섞어 간이 배도록 한다.

3 » B의 재료로 타르타르 소스를 만든다. 양파는 잘게 다져 소금(분량 외)을 뿌려 버무린다. 양파가 숨이 죽으면 물에 헹군 후 체에 발쳐 물기를 뺀다. 파슬리는 잘게 다지고 삶은 달걀은 작은 사각형으로 자른다. 모든 재료를 같이 섞는다.

4 » 닭고기에 타르타르 소스를 듬뿍 얹는다.

[재료] 2인분

- 닭 넓적다리살 200g
- 소금, 후추 각각 조금
- 밀가루 적당량
- 달걀(푼 것) 적당량

A 식초 1큰술 반
육수 1큰술 반
간장 1/2큰술
설탕 1큰술
소금 1/4작은술
생강(슬라이스) 1장

B ◎ **타르타르 소스(만들기 쉬운 양)**
달걀(삶은 것) 1개
양파 1/4개
파슬리 1개
마요네즈 1/2컵
케첩 1큰술
식초 2작은술

전날 준비 **3**만 가능
보관 방법 불가
※ 타르타르 소스는 냉장고에서 약 5일간

Tip

시간이 지나면 고기에서도 수분이 나와 맛이 연해지기 때문에 시작할 때 양념에 섞어 간이 배게 해 둔다.

02

응용 레시피 51쪽

모둠 야채 참깨 무침

[조리법]

1 » 고구마와 연근은 5mm 두께의 은행잎 모양으로 썰거나 반달 모양으로 썰어 각각 물에 헹군다. 대파는 2cm 길이로 자른다. 체에 따로따로 넣고 찜기에서 익을 때까지 찐다.

2 » 브로콜리는 작은 송이로 떼어 내 소금물에 살짝 데친 후 체에 밭쳐 식힌다. 껍질콩은 소금물에 데친 후 찬물에 담갔다 물기를 닦고 3cm 길이로 자른다.

3 » **1**과 **2**를 참깨 무침 양념으로 무친다.

[재료] 만들기 쉬운 양

- 고구마(중간 크기) 1개 (200g)
- 연근 1/2뿌리
- 대파 1/2개
- 브로콜리 1/8개
- 껍질콩 3개
- 참깨 무침 양념(51쪽 참조) 3큰술

전날 준비 **1, 2**까지 OK

보관방법 냉장고에서 약 2일

Tip

남은 열로 인해 브로콜리가 너무 부드러워지지 않도록 부채 등으로 재빨리 식힌다.

03

순무 셀러리 절임

[조리법]

1 » 작은 냄비에 A를 넣고 끓기 직전에 불을 끄고 잘 저으며 식힌다.

2 » 순무는 얇은 은행잎 모양으로, 셀러리는 얇고 비스듬하게 자른 후 소금을 뿌려 30분간 둔다.

3 » 2의 물기를 충분히 짠 후 1에 넣어 하룻밤 재워 둔다.

[재료] 만들기 쉬운 양

- 순무(중간 크기) 2개(250g)
- 셀러리 1개
- 소금 1/2작은술

A 물 100cc
다시마차 1작은술
식초 1큰술
설탕 1/2큰술
소금 1/2작은술
국간장 1/2작은술
붉은 고추(작게 썬 것) 조금

전날 준비 모두 필수
보관 방법 냉장고에서 약 5일간

닭튀김만 먹어도 맛있지만
양파와 파슬리가 듬뿍 들어간
타르타르 소스와 같이 먹으면
풍미가 더해진다.

04

가지와 튀긴 두부 조림

[조리법]

1 » 가지는 세로로 반 잘라 껍질에 비스듬히 칼집을 내고 2~3등분한다. 물에 헹궈 불순물을 제거해 둔다.

2 » 튀긴 두부는 뜨거운 물에 살짝 데쳐 기름을 뺀 후 한입 크기로 자른다.

3 » 냄비에서 **A**를 가열한 뒤 가지를 넣고 중불에서 볶는다. 기름이 골고루 퍼지면 튀긴 두부와 **B**를 넣고 뚜껑을 덮는다. 여러 번 뒤집으면서 가지가 부드러워질 때까지 조린다.
시간이 지나면 튀긴 두부에 가지색이 들지만 맛은 변하지 않는다.

[재료] 만들기 쉬운 양

- 가지(중간 크기) 4개
- 튀긴 두부(큰 것) 1장(240g)

A 식용유 1큰술
참기름 1큰술

B 육수 300cc
설탕 1큰술
맛술 2큰술
간장 2큰술
생강(간 것) 1작은술

전날 준비 완성까지 OK
보관 방법 냉장고에서 약 3일간

Tip

두부에 색이 배는 게 걱정되면 같이 조린 가지와 튀긴 두부를 따로 보관해 둔다.

참깨 무침

참깨 무침 양념

[조리법]

1 » 절구에서 참깨를 빻아 설탕, 간장, 청주, 참깨 페이스트를 더해 섞는다.

보관방법 냉장고에서 약 30일간

[재료] 만들기 쉬운 양

- 참깨 1컵
- 설탕 60g
- 간장 1/2컵
- 청주 2큰술
- 참깨 페이스트 5큰술

튀긴 두부 참깨 무침

[조리법]

1 » 튀긴 두부는 뜨거운 물에 살짝 데쳐 기름을 뺀다. 오븐이나 그릴에서 바삭하게 구운 후 한입 크기로 잘라 식힌다.

2 » 1을 앞(51쪽)의 참깨 무침 양념과 무친다.

[재료] 만들기 쉬운 양

- 튀긴 두부 1장(240g)
- 참깨 무침 양념 1큰술

전날준비 완성까지 OK

보관방법 냉장고에서 약 2일간

배추 참깨 무침

[조리법]

1 » 배추는 1cm 폭으로 잘라 심과 이파리를 분리해 둔다.

2 » 소금을 조금(분량 외) 넣고 끓인 물에 배추심부터 넣는다. 1분 정도 지나고 나서 이파리도 넣어 살짝 데친 후 체에 밭쳐 식힌다.

3 » 식으면 물기를 충분히 짜낸 후 **A**와 무쳐 식힌다.

[재료] 만들기 쉬운 양

◦ 배추 1/4개

A 참깨 2큰술
맛술 1큰술
간장 1큰술

전날 준비 완성 또는 **1**까지 OK
보관 방법 냉장고에서 약 3일간

Tip

배추는 소금물에 데치면 금방 익는다. 남은 열로 인해 순식간에 부드러워지기 때문에 조금 단단하다 싶을 때 체에 옮긴다.

시금치 참치 참깨 무침

[조리법]

1 » 시금치는 삶아서 찬물에 담갔다 꺼낸다. 물기를 충분히 짠 다음 3cm 길이로 자른다. 당근은 채썬 후 살짝 데친다. 참치 통조림의 기름은 뺀다.

2 » **1**과 달걀지단을 **A**에 무친다.

[재료] 만들기 쉬운 양

- 시금치 한 묶음(200g)
- 당근 조금
- 참치 통조림(작은 것) 1/2캔
- 달걀지단 1/2개

A 참깨 1큰술
간장 1큰술
설탕 2/3큰술
생강(간 것) 조금

전날준비 모두 필수

보관방법 냉장고에서 약 7일간

단호박 참깨 무침

[조리법]

1 » 단호박은 한입 크기로 잘라 체에 넣고 찜기에서 익을 때까지 찐 뒤 식힌다. 모양이 일그러지지 않게 주의한다.

2 » **1**을 앞(51쪽)의 참깨 무침 양념과 무친다.

[재료] 만들기 쉬운 양

- 단호박 1/8개(150g)
- 참깨 무침 양념 1큰술

전날준비 완성 또는 **1**까지 OK

보관방법 냉장고에서 약 2일간

꽃구경 가는 날의 도시락

◦ 완두콩밥
◦ 껍질완두콩 소금 볶음
◦ 삼치 구이
◦ 죽순 조림
◦ 양파 돈카츠
◦ 베이컨으로 말은 새우 튀김
◦ 햇감자 머스터드 무침
◦ 삶은 달걀 적환무 피클

제철 재료로 가득 채운 봄철에만 먹을 수 있는 소풍 도시락이다.
다 함께 꽃구경을 하며 먹을 수 있는 주먹밥과 튀김 등의 메뉴를 골라 담았다.
삼치 구이, 죽순 조림은 술안주로도 먹기 좋은 반찬이다.
예쁜 분홍빛이 나는 삶은 달걀과 적환무 피클은 도시락의 색감과 맛을 살려 준다.

01
02
03
04

07
05
08
06

01

완두콩밥

[조리법]

1 » 쌀은 씻어서 30분간 물에 불리고 체에 밭쳐 물기를 뺀다.

2 » 물 1컵 반(분량 외)과 소금을 냄비에 넣고 가열한다. 끓으면 완두콩을 넣고 중불에서 3분간 삶은 후 냄비째로 얼음물에 옮겨 식힌다.

3 » 밥솥에 쌀을 넣고 **2**의 콩 삶은 물과 청주를 더한 후 물을 맞춰 밥을 짓는다.

4 » 밥이 되면 완두콩을 더해 섞은 후 뜸들이고 나서 주먹밥을 만든다.

[재료] 만들기 쉬운 양

- 쌀 2홉(1홉=180ml)
- 완두콩(콩만) 1홉
- 소금 1작은술
- 청주 2큰술

전날준비 완성 또는 **2**만 OK

보관방법 냉장고에서 약 3일간

Tip

삶은 콩은 물에서 꺼내면 쭈글쭈글해지기 때문에 냄비에 넣은 채로 찬물에서 단숨에 식힌다.

02

껍질완두콩 소금 볶음

[조리법]

1 » 껍질완두콩의 심을 제거한다.

2 » 프라이팬에 식용유를 둘러 가열한 후 껍질완두콩을 중불에서 볶는다.

3 » 기름이 퍼지면 A를 넣고 강불에서 수분을 없애듯이 볶는다.

[재료] 만들기 쉬운 양

- 껍질완두콩 10개
- 식용유 1작은술

A 소금 조금
청주 1큰술

전날준비 불가
보관방법 불가

03

삼치 구이

[조리법]

1 » 삼치에 소금(분량 외)을 조금 뿌리고 30분 동안 재워 둔다. **A**는 잘 섞어 둔다.

2 » 삼치에서 나온 물기를 닦아낸 후 **A**를 버무려 밀폐 용기에 넣고 냉장고에서 2~7일간 재워 둔다.

3 » 미소된장을 부드럽게 씻어낸 후에 물기를 닦아낸다. 생선껍질이 위를 향하게 하여 나란히 놓고 220도에서 10분 동안 오븐에서 굽는다.

[재료] 4개 분량

◦ 삼치(작은 것) 4마리

A 미소된장 6큰술
맛술 3큰술
청주 3큰술

전날 준비 완성 또는 **2**만 OK

보관 방법 냉장고에서 약 3일간

Tip

삼치를 거즈에 감싼 후에 된장에 절이면 된장을 2~3번 재사용할 수 있다.

04

죽순 조림

[조리법]

1 » 죽순은 은행잎 모양으로 썬다.

2 » 냄비에 **A**를 조려 죽순을 넣고 뚜껑을 조금만 닫은 다음 중불에서 조린다.

3 » 국물이 거의 없어지면 불을 끄고 가다랑어포를 섞는다.

[재료] 만들기 쉬운 양

- 죽순(삶은 것) 200g
- 가다랑어포 1팩(5g)

A 육수 1컵
청주 1큰술
설탕 1큰술
맛술 1큰술
간장 1큰술

전날 준비 완성 또는 1까지 OK
보관 방법 냉장고에서 약 3일간

05

양파 돈카츠

[조리법]

1 » 돼지고기를 2cm 정도로 큼직하게 썬다. 양파는 가로로 반 잘라 얇게 슬라이스 한다.

2 » 1과 **A**를 섞어 반죽한 뒤 8등분해 동그랗게 만든다.

3 » 밀가루, 달걀 푼 것, 빵가루를 순서대로 입힌 후 납작한 원형으로 만든다.

4 » 160도로 가열한 기름에 넣고 표면이 굳을 때쯤 뒤집은 후 약불에서 5분, 강불에서 1~2분 여러 번 뒤집으며 바삭하게 튀긴다.

[재료] 만들기 쉬운 양

- 돼지고기(얇은 것) 250g
- 양파 100g
- 튀김용 기름 적당량

A 달걀(푼 것) 1/2개
소금 1/3작은술
후추 조금

◎ **튀김옷**
밀가루, 달걀(푼 것),
빵가루 각각 적당량

전날준비 양파 썰어 두는 것만 OK
보관방법 튀긴 후 냉동 가능

Tip

햇양파가 나오는 계절에는 더 맛있다.

06

베이컨으로 말은 새우 튀김

[조리법]

1 » 새우는 꼬리를 그대로 둔 채로 껍질을 벗겨 등쪽의 내장을 제거한다. 기름이 튀지 않도록 꼬리 앞부분을 조금 잘라 물기를 남김없이 빼 낸다. 새우 뱃살의 절반 깊이까지 4~5곳 칼집을 내서 몸통을 펴준다. 소금, 후추를 뿌린 후 밀가루를 뿌린다.

2 » 새우 한 마리에 베이컨 1장을 돌돌 말아 준다.

3 » 밀가루, 달걀 푼 것, 빵가루를 순서대로 입히고 160도로 가열한 기름에서 2~3분 뒤집으면서 튀긴다.

[재료] 4마리 분량

- 새우(큰 것) 4마리
- 베이컨 4장
- 소금, 후추 각각 조금
- 튀김용 기름 적당량

◎ **튀김옷**

밀가루, 달걀(푼 것), 빵가루 각각 적당량

전날준비 **2**까지 OK

보관방법 불가

07

햇감자 머스터드 무침

[조리법]

1 » A를 섞어 둔다.

2 » 햇감자는 씻어서 껍질째 한입 크기로 잘라 찜기에서 부드러워질 때까지 찐다. 남은 열이 가시면 A를 버무린다.

Tip

2일 정도 절여 두면 색깔이 선명하고 예쁘게 완성된다.

[재료] 만들기 쉬운 양

- 햇감자 250g

A 홀그레인 머스터드 1큰술 반
마요네즈 1작은술
파마산 치즈 1작은술
꿀 1작은술
소금, 후추 각각 조금
파슬리 조금

전날 준비 완성까지 OK
보관 방법 냉장고에서 약 3일간

08

삶은 달걀 적환무 피클

[조리법]

1 » 적환무는 이파리를 잘라내고 반으로 자른다.

2 » 1, 삶은 달걀, A를 지퍼백이나 비닐 등에 넣고 섞은 후 냉장고에서 하룻밤 재운다.

3 » 2의 삶은 달걀과 적환무를 꺼내 물기를 빼고 삶은 달걀은 반으로 자른다.

[재료] 만들기 쉬운 양

- 달걀(삶은 것) 2개
- 적환무 4개

A 식초 3큰술
설탕 2큰술
소금 1/2작은술
물 1큰술 반

전날 준비 완성 또는 2만 OK
보관 방법 냉장고에서 약 3일간

운동회 도시락

- 치킨 가라아게와 고추 튀김
- 소고기 연근
- 간단 순무 초절임
- 꽁치 감로자
- 고구마 맛탕
- 슈마이
- 달걀말이

온가족이 기다려온 다양한 반찬이 담긴 도시락.
소, 돼지, 닭고기 반찬 3종을 담은 스태미나 만점 도시락이다.
준비에 정성을 들인 치킨 가라아게는 시간이 지나도 촉촉하고 부드러워
아이들은 물론 할아버지, 할머니까지 가족 모두가 맛있게 먹을 수 있다.
순무 초절임 등 입가심할 수 있는 반찬 하나를 곁들이는 것도 잊지 말자.
은은하게 달콤한 고구마 맛탕은 식후의 디저트로 먹자.

07
06
04
05

03
02
01

01

치킨 가라아게와 고추 튀김

[조리법]

1 » 닭고기는 한입 크기로 잘라 **A**에 30분 이상 재워 둔다. 달걀 푼 것도 넣고 버무린 후 30분 더 재운다.

2 » 물기를 제거한 닭고기에 **B**의 튀김옷을 감싸듯이 입혀서 동그랗게 모양을 만든다. 160도의 기름에 넣고 표면이 굳어지면 뒤집어 130도에서 5분, 고온(185~190도)에서 1~2분간 바삭하게 튀긴다.

3 » 푸른 고추는 터지지 않도록 2~3곳 칼집을 낸 후 그대로 살짝만 튀긴다.

[재료] 만들기 쉬운 양

- 닭 넓적다리살 350g
- 푸른 고추 8개
- 달걀(푼 것) 1/2개 분량
- 튀김용 기름 적당량

A 생강(간 것) 1/2작은술
청주 2큰술
간장 1큰술 반
참기름 1작은술

B 밀가루 3큰술
녹말가루 3큰술

전날 준비 **1**까지 OK

보관 방법 불가

Tip

닭고기에 달걀 푼 것을 버무려 두면 닭고기의 수분이 나가지 않게 해 줘 튀긴 후 식어도 촉촉하고 물컹거리지 않는다.

02

소고기 연근

응용 레시피 74쪽

[조리법]

1 » 연근은 세로로 반 자른 후 대각선으로 돌려가며 2~3cm 크기로 썬다. 물에 헹구고 체에 밭쳐 물기를 뺀다. 생강은 채썬다.

2 » 냄비에 식용유를 넣고 가열해 소고기와 생강을 중불에서 볶는다. 소고기가 반 정도 익으면 연근을 넣고 더 볶는다.

3 » **2**의 기름이 퍼지면 **A**를 넣고 뚜껑을 덮는다. 약불~중불에서 10분 정도 조린다. 뚜껑을 열고 국물이 줄어들 때까지 강불에서 섞으며 조린다.

[재료] 만들기 쉬운 양

- 소고기(얇게 저민 것) 150g
- 연근(중간 크기) 2개(400g)
- 생강 1개
- 식용유 2큰술

A 청주 2큰술
맛술 2큰술
설탕 2큰술 반
간장 3큰술

전날 준비 완성까지 OK
보관방법 냉장고에서 약 5일간

03

간단 순무 초절임

[조리법]

1 » 순무는 얇은 은행잎 모양으로 썬다. 이파리는 부드러운 부분을 2cm 길이로 자른다.

2 » 볼에 **1**을 넣고 **A**를 넣어 버무린다. 5분 뒤에 물기를 충분히 짠다.

[재료] 만들기 쉬운 양

◦ 순무 2개(250g)

A 소금 1/2작은술
식초 1작은술

전날준비 완성까지 OK

보관방법 냉장고에서 약 3일간

04

꽁치 감로자

[조리법]

1 » 꽁치는 머리와 꼬리를 잘라내고 4등분한다. 내장을 제거한 후 깨끗하게 씻어 물기를 닦아 준다. 생강은 채썬다.

2 » 뚜껑이 있는 냄비에 꽁치, 생강, **A**를 넣고 끓여 준다. 끓으면 종이덮개를 씌운 후 냄비뚜껑을 덮고 아주 약한 불에서 1시간 정도 국물이 없어질 때까지 조린다. 이때 너무 조리지 않도록 주의한다.

[재료] 5마리 분량

- 꽁치 5마리
- 생강 2개

A 굵은 설탕 125g
간장 60cc
청주 75cc

전날준비 완성까지 OK
보관방법 냉장고에서 약 2주간
냉동 보관도 가능

05

고구마 맛탕

[조리법]

1 » 고구마를 세로로 반 자른 후 대각선으로 돌려가며 2~3cm 크기로 썬다. 썬 것부터 그대로 튀긴다.

2 » 프라이팬에 꿀을 넣고 중불로 올린다. 꿀이 퍼지면 고구마를 넣어 섞는다. 불을 끈 후 검은깨를 뿌린다.

[재료] 만들기 쉬운 양

- 고구마(중간 크기) 1개 (200g)
- 꿀 2큰술
- 검은깨 적당량

전날준비 불가
보관방법 불가

Tip

고구마에서 바로 전분이 나오기 때문에 자르면 곧장 기름에 튀긴다. 물에 헹궈 전분을 제거할 때는 물기를 잘 닦은 후 튀긴다.

06

슈마이

[조리법]

1 » 대파, 생강을 다진다. 양파는 5mm 크기로 다진 후 녹말가루를 뿌려 둔다.

2 » 다진 돼지고기에 대파, 생강, **A**를 넣고 잘 반죽한다. 양파도 넣은 후 녹말가루가 벗겨지지 않도록 대강 섞는다.

3 » **2**를 슈마이피로 빚은 후 찜기에 넣어 강불에서 10분 정도 찐다. 취향에 따라 간장이나 폰즈간장을 곁들인다.

[재료] 22~24개 분량

- 돼지고기(다진 것) 200g
- 대파 50g
- 생강 15g
- 양파 200g
- 녹말가루 1/3컵
- 슈마이피 1봉지(22~24장)

A 소금 1/2작은술
맛술 1큰술
간장 1큰술
참기름 1/2큰술

◎ **간장 또는 폰즈간장**
각자 취향에 따라

전날 준비 완성까지 OK
보관방법 냉장고에서 약 3일간

Tip

양파에 녹말가루를 뿌려 두면 고기와 잘 섞이고 수분이 나오지 않는다.

07

달걀말이

[조리법]

1 » 달걀을 가볍게 풀어 A를 넣고 섞는다.

2 » 달걀말이용 프라이팬에 식용유(분량 외)를 적당히 두르고 중불에서 3~4번에 걸쳐 말아 준다. 열이 가시면 적당한 크기로 자른다.

[재료] 만들기 쉬운 양

◦ 달걀 4개

A 육수 70cc
국간장 1작은술
소금 한 꼬집
맛술 조금

전날 준비 불가
보관 방법 불가

Tip

흰자와 노른자를 나누지 않고 같이 넣어 가볍게 풀어서 폭신하게 완성한다.

응용
레시피

생강 간장 조림

*기본적인 생강 간장 조림

[재료] 만들기 쉬운 양

- 소고기(얇게 저민 것) 150g
- 각 메인 야채
- 생강 1개
- 식용유 2큰술

A 청주 2큰술
맛술 2큰술
설탕 2큰술 반
간장 3큰술

전날 준비 완성까지 OK

보관 방법 냉장고에서 약 7일

소고기 우엉 조림

[조리법]

1 » 우엉은 수세미로 문질러 씻은 후 5mm 폭으로 비스듬하게 자른다. 생강은 채썬다.

[재료] 만들기 쉬운 양

◦ 앞의 기본 재료
+우엉 2개(400g)

죽순 조림

[조리법]

1 » 죽순은 먹기 좋은 크기로 썰고 생강은 채 썬다.

[재료] 만들기 쉬운 양

◦ 앞의 기본 재료
+죽순(삶은 것) 400g

가지 조림

[조리법]

1 » 가지는 껍질을 벗기고 세로로 6등분한 후 가로로 반 자른다. 소금물에 5분 동안 헹궈 불순물을 제거한 후 체에 밭쳐 물기를 뺀다. 생강은 채썬다.

[재료] 만들기 쉬운 양

◦ 앞의 기본 재료
+가지(중간 크기) 6개

[공통 조리법]

2 » 냄비에 식용유를 둘러 달구고 소고기와 생강을 넣고 볶는다. 소고기가 반쯤 익으면 우엉, 죽순, 가지 등 각각의 메인 야채를 넣고 기름이 고루 묻도록 볶아 준다.

3 » 잘 볶아지면 A를 넣고 뚜껑을 덮어 약불~중불에서 가끔씩 섞으며 10분간 조린다. 10분 안에 국물이 줄어들도록 불 조절을 해야 한다. 뚜껑을 열어 강불에서 재료를 골고루 섞으며 국물이 없어질 때까지 조린다.

가라아게 옷을 만들 때는 간이 잘 배고
촉촉하게 해 주는 밀가루와 바삭한 식감을
만드는 녹말가루 둘 다 사용한다.

데리야끼 도시락

- 정어리 데리야끼 구이
- 양배추와 차조기 소금 무침
- 납작 달걀
- 고구마 브로콜리 샐러드
- 무말랭이

달콤 짭조름하고 부드러운 정어리 데리야끼 구이를
메인으로 한 밥도둑 도시락이다.
무말랭이를 넉넉하게 넣어야 맛있다. 냉동 보관도 가능하다.
반찬을 하나 더 추가하고 싶을 때 만들어 두면 요긴하게 쓰인다.
납작 달걀은 프라이팬에 달걀과 야채를 넣어 굽기만 하면 된다.
좋아하는 재료로 응용해 보길 바란다.

03
05
04
02
01

01

정어리 데리야끼 구이

[조리법]

1 » 손질한 정어리를 펼쳐 밀가루를 뿌린다.

2 » 프라이팬에 식용유(분량 외)를 둘러 가열한 후 중불에서 양면이 노릇해질 때까지 굽는다.

3 » 남은 기름을 닦아 내고 데리야끼 소스를 더해 버무린다.

[재료] 2마리 분량

- 정어리 2마리
- 밀가루 조금
- 데리야끼 소스(139쪽 참조) 3큰술

전날 준비 불가

보관 방법 불가

02

양배추 차조기 소금 무침

[조리법]

1 » 양배추는 직사각형 모양으로 자른다. 차조기는 5mm 폭으로 자른다.

2 » 볼에 1을 넣고 소금을 뿌린 후 가볍게 버무린다. 잠시 뒀다 물기를 짜낸다.

[재료] 2인분

- 양배추 2장
- 차조기 2장
- 소금 1/3작은술

전날 준비 1까지 OK

보관 방법 불가

03

납작 달걀

[조리법]

1 » 명란은 알알이 풀어 놓는다.

2 » 프라이팬에 식용유(분량 외)를 두르고 가열해 중불에서 달걀을 하나씩 깨서 떨어뜨린다. 노른자를 조금 풀어 준다.

3 » 김, 명란, 무순을 각각 얹고 반으로 접어 양면을 굽는다. 표면이 굳으면 마무리로 간장을 몇 방울 떨어뜨린다.

[재료] 2인분

- 달걀 2개
- 조미김 2장
- 명란 1/2개
- 간장 조금
- 무순 조금

전날 준비　불가

보관방법　불가

김, 명란, 무순을 얹은 납작 달걀은
가지각색의 맛과 식감을 느낄 수 있다.
달콤짭짤한 맛의 정석인
데리야끼 구이와도 훌륭한 짝이다.

04

고구마 브로콜리 샐러드

[조리법]

1 » 고구마는 1cm 폭의 은행잎 모양으로 잘라 익을 때까지 찜기로 찐다. 소금, 후추를 뿌린 후 식힌다.

2 » 브로콜리는 작은 송이로 떼어 소금물에 살짝 데친 후 재빨리 식힌다.

3 » 삶은 달걀은 큼직하게 썬다.

4 » **1, 2, 3**을 **A**와 함께 버무린다.

[재료] 만들기 쉬운 양

- 고구마(중간 크기) 1개 (200g)
- 브로콜리 1/8개
- 달걀(삶은 것) 1개

A 마요네즈 3큰술
홀그렌드 머스터드 1큰술
소금, 후추 각각 조금

전날준비 **2**까지 OK

보관방법 불가

05

무말랭이

[조리법]

1 » 무말랭이는 물에 담궈서 불린 후 물기를 빼고 소금 1작은술(분량 외)을 뿌려 버무린다. 소금을 씻어내고 물에 한 번 더 30분간 담근다. 물기를 짜내고 길이가 길면 적당한 크기로 자른다.

2 » 당근은 굵게 채썬다. 유부는 가로로 반 자른 후 1cm 폭으로 자른다.

3 » 냄비에 **1**이 살짝 잠길 정도로 물을 부어 준 뒤 뚜껑을 덮고 가열한다. 끓기 시작하면 약불로 바꿔 5분간 삶는다. 체에 발쳐 체와 같은 크기의 볼로 눌러 물기를 뺀다.

4 » 냄비에 **2**, **3**과 **A**를 넣고 뚜껑을 덮어 무말랭이가 부드러워질 때까지 중간에 몇 번 섞어 주며 20분 정도 약불에서 조린다.

[재료] 만들기 쉬운 양

- 무말랭이 60g
- 당근 1/3개(70g)
- 유부 1장

A 육수 2컵
청주 1큰술
설탕 1큰술
맛술 2큰술
국간장 2큰술
간장 1/2큰술

전날준비 완성 또는 **2**까지 OK
보관방법 냉장고에서 약 5일간
(냉동 가능. 24~25쪽 참조)

Tip

약불에서 보글보글 조려 준다.

고로케 도시락

◦ 감자 고로케
◦ 마카로니 샐러드
◦ 무 소보로 매콤 볶음
◦ 소송채 절임
◦ 강낭콩 달콤 조림

고로케와 소송채 절임, 콩조림 등은 모두 기본 메뉴지만
맛, 조리법, 식감이 모두 달라 질리지 않고 맛있게 먹을 수 있다.
소송채 절임, 매콤 볶음 등 기본적인 요리일수록 불 조절이나 삶는 시간에
심혈을 기울이며, 어떤 식으로 완성해 나갈 것인지
완성된 결과물에 대한 이미지를 가지고 있는 것이 중요하다.
각자의 취향에 맞게 여러 번 만들어 보면서 시간 조절을 체득하길 바란다.

02
03
05
04
01

01

감자 고로케

[조리법]

1 » 프라이팬에 버터를 넣고 양파와 다진 돼지고기를 볶는다. 돼지고기가 익으면 **A**를 더해 물기가 없어지고 양파가 물렁해질 때까지 약불에서 볶는다.

2 » 감자는 껍질을 벗겨 큼직하게 썰고 물에 헹군다. 체에 발쳐 찜기에서 찌고 익으면 절구로 빻은 후 **1**을 더해 섞는다.

3 » **2**가 식으면 취향에 따라 8~10개 정도 크기로 나눠 동그랗게 뭉친다. 밀가루, 달걀 푼 것, 빵가루를 순서대로 입힌다.

4 » 160도로 가열한 기름에 넣어 굴리며 노릇노릇해질 때까지 5분 정도 튀긴다.

[재료] 8~10개 분량

- 돼지고기(다진 것) 100g
- 감자 600g
- 양파 120g
- 버터(무염) 15g

A 청주 1큰술
설탕 1큰술보다 적게
간장 1큰술보다 적게
소금 3/4작은술
후추 조금
넛맥 조금

◎ **튀김옷**
밀가루, 달걀(푼 것), 빵가루 각 적당량

전날준비 양파는 잘게 다져 두고, 감자는 썰어서 물을 채운 용기에 넣어 두는 것까지 OK(20쪽 참조)

보관방법 튀긴 후 냉동 가능 (24-25쪽 참조)

Tip

양파의 식감이 남아 있지 않을 때까지 충분히 볶으면 감칠맛이 더해져 맛있다.

02

마카로니 샐러드

[조리법]

1 » 마카로니는 부드러워지도록 포장지에 안내되어 있는 것보다 더 오래 삶는다. 체에 발쳐 물로 씻은 다음 충분히 물기를 뺀다. 볼에 옮겨 **A**로 밑간을 해 둔다.

2 » 햄은 반으로 잘라 5mm 폭으로 자른다. 양파는 얇게 슬라이스한 후 찌거나 삶아서 익힌 다음 식혀 둔다. 당근은 채썰고 오이는 세로로 반 자른 후 비스듬한 모양으로 얇게 썬다. 손질한 재료들을 소금에 버무린 후 물기를 뺀다.

3 » **1**에 **2**를 더해 **B**로 버무린다.

[재료] 만들기 쉬운 양

- 마카로니 80g
- 햄 2장
- 양파(큰 것) 1/4개(80g)
- 당근 조금
- 오이 1/2개

A 소금 조금
후추 조금
식초 1작은술
식용유 1작은술

B 마요네즈 50g
설탕 조금
간장 조금

전날준비 완성 또는 **2**까지 OK

보관방법 냉장고에서 약 2일간

Tip

마카로니는 물에 헹구면 굳어지기 때문에 조금 물렁하게 삶아 간이 잘 배게 한다.

03

무 소보로 매콤 볶음

응용 레시피 90쪽

[조리법]

1 » 무는 폭 7mm 길이 5cm의 막대 모양으로 자른다. 당근은 굵게 채썬다. 붉은 고추는 씨를 제거한 후 잘게 썬다. 무의 이파리도 잘게 썰어 둔다.

2 » 웍에 참기름을 두르고 가열한 다음 중불에서 다진 고기와 붉은 고추를 볶는다. 고기 색이 바뀌면 무와 당근도 넣어 볶는다.

3 » 전체적으로 기름이 퍼지면 A를 넣는다. 강불에서 물기가 없어질 때까지 볶고 마무리로 무 이파리도 넣는다.

[재료] 만들기 쉬운 양

- 돼지고기(다진 것) 100g
- 이파리가 붙어 있는 10cm 길이의 무(400g)
- 당근 1/3개(70g)
- 붉은 고추 1/2개
- 참기름 1/2큰술

A 청주 2큰술
맛술 2큰술
설탕 2작은술
간장 2큰술

전날 준비 완성 또는 1까지 OK

보관 방법 냉장고에서 약 3일간

Tip

무에서 수분이 나오기 때문에 '조림'이 되지 않도록 강불로 완성한다. 아삭해도 맛있기 때문에 조금 단단한 정도로 마무리하는 것을 추천한다.

04

소송채 절임

[조리법]

1 » 소송채는 3~4cm 길이로 자른다. 유부는 가로로 반 자른 후 1cm 폭으로 자른다.

2 » A를 끓여 유부를 넣고 중불에서 1~2분 동안 조리다가 강불로 올려 소송채를 넣는다. 가볍게 섞고 살짝 조려 마무리한다.

[재료] 만들기 쉬운 양

- 소송채 1단
- 유부 1장

A 육수 1컵 반
간장 1큰술
맛술 1큰술
청주 1큰술
설탕 1작은술

전날준비 완성 또는 **1**까지 OK
보관방법 냉장고에서 약 3일간

모두가 좋아하는 고로케는
겉은 바삭하고 속은 부드럽다.
고기와 양파의 감칠맛이 퍼져
어릴 적 먹던 그리운 맛이다.

05

강낭콩 달콤 조림

[조리법]

1 » 강낭콩은 냄비에 넣은 후 물을 가득 채워 하룻밤 재운다.

2 » 하룻밤 재운 것을 그대로 불에 올려 한 번 데친 후 다른 냄비로 옮긴다. 같은 양의 물을 더해 다시 가열한다. 끓으면 불순물을 제거하고 설탕과 소금을 넣는다. 일그러지지 않도록 종이덮개를 덮어 약불에서 30분~1시간 정도 조린다.
조리는 시간은 콩마다 차이가 있다.

3 » 콩이 부드러워지면 간장을 몇 방울 넣고 가볍게 냄비를 흔들어 국물이 전체에 배게 한다.
마무리에 넣는 간장은 숨김맛이다. 아주 조금 넣는 것으로 단맛이 올라온다.

[재료] 만들기 쉬운 양

- 강낭콩 250g
- 설탕 75g
- 소금 1/4작은술
- 간장 조금

전날 준비 완성까지 OK
보관방법 냉장고에서 약 5일간,
(냉동 가능. 24-25쪽 참조)

Tip

끓기 시작할 때 설탕을 넣으면 모양이 잘 일그러지지 않는다.

응용 레시피

매콤 볶음

원통 어묵 셀러리 볶음

[조리법]

1 » 셀러리와 어묵을 5mm 폭으로 비스듬하게 자른다.

2 » 냄비에 참기름을 두르고 가열해 강불에서 셀러리와 어묵을 볶는다. 기름이 퍼지면 **A**를 넣고 국물이 없어질 때까지 볶는다. 불을 끄고 참깨를 섞는다.

Tip

셀러리와 원통 어묵은 조리하지 않고도 먹을 수 있기 때문에 처음부터 끝까지 강불에서 단시간에 완성한다.

[재료] 만들기 쉬운 양

- 셀러리 1개
- 원통 어묵(작은 것) 2개
- 참기름 1큰술
- 참깨 1작은술

A 청주 2작은술
설탕 1작은술
간장 2작은술
맛술 1작은술

전날준비 **1**까지 OK

보관방법 냉장고에서 약 2일간

우엉 잎새버섯 매콤 볶음

[조리법]

1 » 우엉은 얇게 썰거나 어슷썰기하여 물에 헹군 후 체에 밭쳐 물기를 뺀다. 잎새버섯은 가닥가닥 분리하고 붉은 고추는 씨를 제거한 후 잘게 썬다.

2 » 냄비에 참기름을 두르고 가열한 후 붉은 고추와 우엉을 강불에서 볶는다. 숨이 죽으면 **A**와 잎새버섯을 넣고 국물이 없어질 때까지 볶는다.

[재료] 만들기 쉬운 양

- 우엉 1개(200g)
- 잎새버섯 1팩
- 붉은 고추 1/2개
- 참기름 1큰술

A 설탕 1큰술
맛술 1큰술
간장 1과 1/3큰술

전날 준비 완성 또는 1까지 OK
보관 방법 냉장고에서 약 3일간, 냉동 보관도 가능

Tip

'조림'이 되지 않도록 강불에서 볶으면 사각사각한 식감으로 완성된다.

카레 소시지 볶음

[조리법]

1 » 우엉은 수세미로 씻어 폭 5mm, 길이 5cm의 막대 모양으로 자른다. 당근은 굵게 채썰고 피망은 5mm 폭으로 자른다. 소시지는 세로로 반 자른 후 5mm 폭으로 비스듬하게 자른다.

2 » 냄비에 식용유를 두르고 가열해 우엉, 당근을 볶고 카레가루를 뿌려 1~2분 정도 중불에서 더 볶는다. A와 소시지를 넣고 뚜껑을 덮은 후 5분 정도 쪄서 조린다.

3 » 뚜껑을 열어 강불로 올린 후 국물이 없어지면 피망을 넣어 살짝 볶는다.

[재료] 만들기 쉬운 양

- 우엉 1개(200g)
- 당근 1/2개(100g)
- 피망 2개
- 소시지 4개
- 카레가루 2/3큰술
- 식용유 1큰술

A 청주 1큰술
설탕 1큰술 반
간장 2큰술
물 1/2컵

전날준비 완성 또는 우엉을 제외한 1까지 OK

보관방법 냉장고에서 약 3일간

Tip

피망을 마지막에 넣고 재빨리 볶아 아삭한 식감과 선명한 색감이 남도록 한다.

같은 야채라도
써는 방법을 바꾸는 것만으로
식감과 맛이 달라진다.

생선 튀김 도시락

◦ 정어리 차조기 튀김
◦ 우엉 카레 흰깨 무침
◦ 토란 유자미소된장 조림
◦ 쪽파 식초미소된장 무침
◦ 당근 가다랑어포 볶음
◦ 달걀말이

차조기, 식초미소된장 무침, 유자미소된장 등
어른들이 좋아할 만한 반찬들을 이것저것 조합해 넣은 도시락이다.
정어리 튀김은 겉은 바삭하고 속은 부드럽고 촉촉하다.
여기에 우메보시 맛이 연하게 퍼져 식욕을 돋운다.
두부 참깨 무침도 두부를 소금물에 데친 후
물기를 제대로 빼주면 도시락에 넣어도 괜찮다.
하지만 다른 반찬이 식은 후에 넣어야 한다.

06
05
04
02
03
01

01

정어리 차조기 튀김

응용 레시피 100쪽

[조리법]

1 » 정어리 안쪽의 물기를 잘 닦는다. 차조기는 반으로 자른다.

2 » 정어리를 펼쳐 가운데에 우메보시를 반씩 얹고 그 위에 차조기를 얹은 후 반으로 접는다.

3 » 밀가루, 달걀 푼 것, 빵가루를 순서대로 입혀 160도로 가열한 기름에서 뒤집으며 양면이 노릇노릇해질 때까지 3~4분 정도 튀긴다.

[재료] 2마리 분량

- 정어리 2마리
- 차조기 1장
- 우메보시(씨 제거한 것) 1작은술
- 튀김용 기름 적당량

◎ **튀김옷**

밀가루, 달걀(푼 것), 빵가루 각각 적당량

전날 준비 1까지 OK

보관방법 불가

Tip

튀기는 동안 생선이 벌어지는 경우가 있기 때문에 튀김옷을 입히고 나서 잘 눌러 준다.

02

응용 레시피 104쪽

우엉 카레 흰깨 무침

[조리법]

1 » 냄비에 손으로 떼어낸 두부와 물을 넣고 소금을 조금(분량 외) 넣어 가열한다. 끓기 시작하면 중불로 조절한다. 두부가 떠오르면 체에 밭쳐 물기를 빼고 식혀 둔다.

2 » 우엉은 5mm 폭으로 얇게 썬다. 작은 냄비에 **A**와 같이 넣어 약불에서 국물이 없어질 때까지 조린다. 카레가루도 넣어 섞고 나면 불을 끄고 식힌다.

3 » 절구로 잘 빻은 흰깨에 두부를 넣어 부드러워질 때까지 같이 빻는다. **B**도 넣어 섞은 다음 **2**를 넣어 무친다.

[재료] 만들기 쉬운 양

- 두부 1/2모
- 우엉(얇은 것) 1/2개(80g)
- 카레가루 1/4큰술
- 흰깨 1큰술

A 육수 2/3컵
설탕 1/2큰술
청주 1/2큰술
간장 3/4큰술

B 설탕 3/4큰술
소금 1/6작은술

전날 준비 완성 또는 **2**만 OK
보관 방법 냉장고에서 약 3일간

우메보시와 차조기를 사이에 넣은
정어리 튀김이 있으면 밥이 술술 넘어간다.
밑반찬은 밥 없이도 먹을 수 있는 것들로
조금만 넣는다.

03

토란 유자미소된장 조림

[조리법]

1 » 토란은 껍질을 벗기고 작은 건 그대로 쓰고, 큰 건 작게 자른다. 딱딱함이 남아 있을 정도로 한 번 데친 후 미끌거리는 점액을 씻고 물기를 뺀다.

2 » **B**의 미소된장과 육수를 섞어 풀어 둔다.

3 » 냄비에 **1**과 **A**를 넣고 중불에서 2~3분간 조린다. 국간장을 넣고 종이덮개로 덮은 후 더 조린다.

4 » 국물이 1/3 정도가 되면 **2**를 넣어 섞고 유자껍질을 뿌린 후 불을 끈다.

[재료] 만들기 쉬운 양

- 토란 300g
- 유자껍질(간 것) 조금
- 국간장 1/2큰술

A 육수 250cc
청주 1/2큰술
설탕 2/3큰술

B 미소된장 1큰술
육수 2큰술

전날준비 완성 또는 **1**까지 OK
보관방법 냉장고에서 약 3일간

04

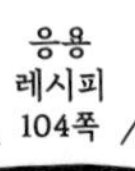

쪽파 식초미소된장 무침

[조리법]

1 » 쪽파는 4cm 길이로 자른다. 소금물에 살짝 데치고 찬물에 담근 뒤 꺼내어 충분히 물기를 짜낸다. 유부는 프라이팬에서 양면을 노릇노릇하게 구운 후 직사각형 모양으로 자른다.

2 » 1을 식초미소된장 소스에 무친다.

[재료] 만들기 쉬운 양

- 쪽파 1단
- 유부 1/2장
- 식초미소된장 소스* 2큰술

전날 준비　완성 또는 1만 OK

보관 방법　냉장고에서 약 3일간 (다소 변색될 수 있다)

Tip

유부는 그릴에서 굽거나 직화구이해도 좋다.

***식초미소된장 소스**

[조리법]

1 » 볼에 미소된장, 설탕, 식초를 넣고 부드러워질 때까지 섞는다.

보관 방법　냉장고에서 약 3개월

[재료] 만들기 쉬운 양

- 미소된장 100g
- 설탕 50g
- 식초 50cc

05

당근 가다랑어포 볶음

[조리법]

1 » 당근은 채썬다.

2 » 프라이팬에 식용유를 둘러 가열한 후 당근이 타지 않도록 약불~중불에서 천천히 볶는다. 숨이 죽으면 가다랑어포와 **A**를 넣고 중불에서 가볍게 볶는다.

[재료] 만들기 쉬운 양

◦ 당근 1개(200g)
◦ 가다랑어포 5g

A 청주 1큰술
간장 1작은술
식용유 2작은술

전날준비 완성 또는 **1**까지 OK
보관방법 냉장고에서 약 3일간

07

달걀말이

[조리법]

1 » 달걀을 가볍게 풀어 **A**를 넣고 섞는다.

2 » 달걀말이용 프라이팬에 식용유(분량 외)를 적당히 두르고 중불에서 3~4번에 걸쳐 말아 준다. 열이 가시면 적당한 크기로 자른다.

[재료] 만들기 쉬운 양

◦ 달걀 4개

A 육수 70cc
국간장 1작은술
소금 한 꼬집
맛술 조금

전날준비 불가
보관방법 불가

생선 튀김

삼치 카레 튀김

[조리법]

1 » **A**를 잘 섞어 놓는다.

2 » 삼치는 1마리를 2토막으로 자른 후 **A**, 달걀 푼 것, 빵가루를 순서대로 입힌다.

3 » **2**를 170도로 가열한 기름에서 2~3분, 여러 번 뒤집으면서 노릇노릇해질 때까지 바삭하게 튀긴다.

[재료] 4개 분량

◦ 삼치 2마리
◦ 튀김용 기름 적당량

A 소금 1/2작은술
카레가루 1작은술
밀가루 1큰술 반

◎ **튀김옷**
달걀(푼 것),
빵가루 각각 적당량

전날준비 1까지 OK
보관방법 불가

방어 깨 미소된장 튀김

[조리법]

1 » **A**를 섞어 둔다.

2 » 방어는 1마리를 2토막으로 자른다. 칼을 눕혀 껍질 사이로 칼집을 넣고(완전히 자르지 말 것) **A**가 삐져나오지 않도록 집어넣은 후 밀가루, 달걀 푼 것, 빵가루를 순서대로 입힌다.

3 » **2**를 170도로 가열한 기름에서 여러 번 뒤집으면서 노릇노릇해질 때까지 2~3분 정도 바삭하게 튀긴다. 금방 튀긴 것은 참깨미소된장 소스가 흐르기 쉬우므로 식을 때까지 꺼내 눕혀 둔다.

[재료] 4개 분량

◦ 방어 2마리
◦ 튀김용 기름 적당량

A 미소된장 2큰술
설탕 2큰술
참깨가루 1큰술

◎ **튀김옷**
밀가루, 달걀(푼 것),
빵가루 각각 적당량

전날준비 1까지 OK
보관방법 불가

연어 치즈 검은깨 빵가루 튀김

[조리법]

1 » 치즈는 반으로 접어 자르고 **A**는 섞어 둔다.

2 » 연어는 2토막으로 잘라 칼을 눕혀 껍질 사이로 칼집을 넣고(완전히 자르지 말 것), 치즈가 빠져나오지 않도록 집어넣는다. 밀가루, 달걀 푼 것, **A**를 순서대로 입힌다.

3 » **2**를 170도로 가열한 기름에서 여러 번 뒤집으며 노릇노릇해질 때까지 2~3분 정도 바삭하게 튀긴다.

[재료] 4개 분량

- 연어(소금에 절인 것) 2토막
- 슬라이스치즈 2장
- 튀김용 기름 적당량

A 빵가루 1/4컵
검은깨 1/2큰술

◎ **튀김옷**
밀가루, 달걀(푼 것)

전날준비 완성까지 OK

보관방법 냉장고에서 약 2일간

Tip

치즈는 녹기 때문에 연어에서 빠져나오지 않도록 칼집을 낸 모양에 맞춰 잘라 넣고 튀김옷으로 가둬 놓듯이 감싼다.

대구 파래 치즈 튀김

[조리법]

1 » **A**를 섞어 둔다.

2 » 대구는 1마리를 각각 2토막으로 잘라 소금, 후추를 뿌린 후 밀가루, 달걀 푼 것, **A**를 순서대로 입힌다.

3 » **2**를 170도로 가열한 기름에서 여러 번 뒤집으며 노릇노릇해질 때까지 2~3분 정도 바삭하게 튀긴다.

[재료] 만들기 쉬운 양

◦ 대구 2마리
◦ 소금, 후추 각각 조금
◦ 튀김용 기름 적당량

A 빵가루 1/4컵
파래가루 1작은술 반
치즈가루 1작은술 반

◎ **튀김옷**
밀가루, 달걀(푼 것)

전날준비 불가
보관방법 불가

으깬 두부 참깨 무침

으깬 두부 참깨 무침

[조리법]

1 » 손으로 큼직하게 떼어낸 두부와 물, 소금 조금(분량 외)을 냄비에 넣고 열을 가한다. 끓으면 중불로 조절하고 두부가 떠오르면 체에 밭쳐 물기를 빼 식혀 둔다.

2 » 당근은 은행잎 모양으로 썬다. 곤약은 5mm 두께로 잘라 채썰고 데쳐 둔다. 만가닥버섯은 가닥가닥 찢어 놓고 긴 것은 반으로 잘라 둔다.

3 » 작은 냄비에 **A**와 **2**를 넣고 당근이 부드러워질 때까지 약불에서 조린 후 국물까지 식힌다.

4 » 쑥갓은 소금물에 데쳐 찬물에 담갔다가 물기를 짠 후 2cm 길이로 잘라 둔다.

5 » 절구로 참깨를 빻은 후 두부를 넣고 부드러워질 때까지 으깬다. **B**도 넣어 섞은 후 국물을 가볍게 짜낸 **3**을 넣는다. 쑥갓도 넣어 잘 섞은 후 간을 보고 간장을 조금(분량 외) 넣어 간을 맞춘다.

[재료] 만들기 쉬운 양

- 두부 1/2모
- 당근 15g
- 곤약 1/8장
- 만가닥버섯 1/8팩
- 쑥갓 1/8단
- 참깨 1큰술

A 육수 60cc
설탕 1/3큰술
국간장 1/4큰술
맛술 1/4큰술
B 설탕 3/4큰술
소금 1/6작은술

전날 준비 완성 또는 **2~4**까지 OK
보관 방법 냉장고에서 약 3일간

Tip

물기를 뺀 두부를 블렌더로 갈아도 좋다. 아주 부드러워져 크림과 같은 식감을 맛볼 수 있다.

감 쑥갓 으깬 두부 참깨 무침

[조리법]

1 » 손으로 큼직하게 떼어낸 두부와 물, 소금 조금(분량 외)을 냄비에 넣고 열을 가한다. 끓기 시작하면 중불로 조절하고 두부가 떠오르면 체에 밭쳐 물기를 빼 식혀 둔다.

2 » 감은 은행잎 모양으로 썬다. 쑥갓은 소금물에 살짝 데쳐 찬물에 담근 후 물기를 짜내 2cm 길이로 잘라 둔다.

3 » 절구로 참깨를 빻고 두부도 더해 부드러워질 때까지 으깬다. **A**를 더해 섞고 감과 쑥갓을 넣어 잘 섞은 후 간을 보고 간장을 조금 넣어 간을 맞춘다.

[재료] 만들기 쉬운 양

- 두부 1/2모
- 감 1/4개
- 쑥갓 1/4단
- 참깨 1큰술

A 설탕 3/4큰술
소금 1/6작은술
간장 조금

전날 준비 완성 또는 **2**만 OK
보관방법 냉장고에서 약 2일간

Tip

재료를 육수로 데쳐 놓지 않기 때문에
간장을 넉넉히 넣어 간을 맞춘다.

옥수수 으깬 두부 참깨 무침

[조리법]

1 » 손으로 큼직하게 떼어낸 두부와 물, 소금 조금(분량 외)을 냄비에 넣고 열을 가한다. 끓기 시작하면 중불로 조절하고 두부가 떠오르면 체에 밭쳐 물기를 빼 식혀 둔다.

2 » 작은 냄비에 옥수수(통조림을 사용할 경우에는 물기를 충분히 빼 둔다)를 넣고 1~2분간 조리고 조린 국물과 같이 식힌다.

3 » 절구로 참깨를 빻고 두부도 더해 부드러워질 때까지 으깬다. **B**를 더해 섞고 **2**와 함께 무친다.
간을 보고 간장을 조금(분량 외) 더해 간을 맞춘다.

[재료] 만들기 쉬운 양

◦ 두부 1/2모
◦ 옥수수 1/2개 분량 (100g)
※통조림도 가능
◦ 참깨 넉넉한 1큰술

A 육수 60cc
설탕 1/3큰술
국간장 1/4큰술
맛술 1/4큰술
B 설탕 3/4큰술
소금 1/6작은술

전날 준비 완성 또는 **2**만 OK
보관방법 냉장고에서 약 2일간

이게 바로 기본형태의
으깬 두부 참깨 무침이다.
걸쭉한 소스와 사각사각거리는
야채의 식감을 즐길 수 있다.
좋아하는 야채로 응용해 보자.

멘치카츠 도시락

◦ 양배추 멘치카츠
◦ 감자 샐러드
◦ 톳 조림
◦ 콜리플라워 카레 튀김
◦ 청경채 우메보시 잔멸치 무침

고기에 야채를 가득 섞어 만든 멘치카츠는
모두에게 인기 있는 메뉴다. 배는 부르지만 끝맛은 깔끔하다.
소금 간이 되어 있어 소스가 없어도 반찬으로 먹을 수 있다.
밑반찬으로는 머스터드향이 은은하게 퍼지는 감자 샐러드와
달콤짭조름한 조림, 카레맛 반찬을 조금씩 곁들이면
종류가 다양한 도시락이 완성된다.

05
03
01
02
04

01

양배추 멘치카츠

응용 레시피 116쪽

[조리법]

1 » 양파는 굵은 크기로 다진다. 프라이팬에 식용유(분량 외)를 넣고 강불에서 수분을 날리듯이 살짝 볶아 식혀 둔다.

2 » 양배추는 5mm 폭으로 자른다.

3 » 돼지고기에 소금, 후추, 넛맥을 뿌리고 점액이 나올 때까지 잘 반죽한다.

4 » **3**에 **1**과 빵가루, 달걀 푼 것을 넣어 반죽한다.

5 » 반죽에 마지막으로 양배추를 넣고 잘 섞어 준다.

6 » 반죽을 4등분하여 동그랗게 만들고 밀가루, 달걀 푼 것, 빵가루를 순서대로 입힌다. 160도로 가열한 기름에 넣고 표면이 굳으면 뒤집는다. 약불에서 5분, 강불에서 1~2분 정도 여러 번 뒤집으면서 바삭하게 튀긴다.

[재료] 4개 분량

- 돼지고기(다진 것) 150g
- 양파 60g
- 양배추 60g
- 빵가루 2큰술
- 달걀 (푼 것) 1/3개 분량
- 소금 1/4큰술
- 후추 조금
- 넛맥 조금
- 튀김용 기름 적당량

◎ **튀김옷**

밀가루, 달걀(푼 것), 빵가루 각각 적당량

전날 준비 **1, 2**까지 OK

보관 방법 튀긴 후 냉동 가능 (24-25쪽 참조)

02

응용 레시피 120쪽

감자 샐러드

[조리법]

1 » 감자는 껍질을 벗겨 2cm 크기로 자른다. 양파는 가로로 반 잘라 얇게 썰고 당근은 은행잎 모양으로 자른다. 모두 체에 발쳐 익을 때까지 찜기로 찐다.

2 » 1이 완성되면 양파와 당근은 그대로 식힌다. 감자는 볼에 옮겨 **A**로 밑간을 하고 주걱으로 대강 으깨면서 섞은 뒤 식힌다.
모서리가 잘 으깨지지 않으면 절구방망이를 사용해 으깬다.

3 » 오이는 얇은 원형모양으로 썰어 소금을 조금(분량 외) 넣고 섞는다. 시간이 지나고 수분이 나오면 충분히 짠다.

4 » 사과는 은행잎 모양으로 썰고 소금물에 담갔다가 체에 발쳐 물기를 뺀다.

5 » 감자에 양파, 당근, 오이, 사과를 더해 **B**로 버무린다.

[재료] 만들기 쉬운 양

- 감자(큰 것) 4개(500g)
- 양파(큰 것) 1/4개(80g)
- 당근(중간 크기) 1/4개(50g)
- 오이(작은 것) 1개
- 사과 1/4개

A 소금 조금
후추 조금
식초 1큰술

B 마요네즈 100g
홀그레인 머스터드 1큰술

전날준비 완성까지 OK
보관방법 냉장고에서 약 3일간

03

톳 조림

[조리법]

1 » 톳은 물에 불리고 씻어서 모래를 털어 낸다. 냄비에 톳과 물을 넣고 가열해 끓으면 체에 발친다. 체와 같은 크기의 볼로 눌러 물기를 충분히 빼낸 다음 냄비에 옮긴다.

2 » 당근은 굵게 채썬다. 곤약은 4조각으로 잘라 얇게 썬 후 삶아서 불순물을 제거해 둔다. 유부는 가로로 반 자른 후 얇게 썬다.

3 » **1**에 **2**, 찐 대두, **A**를 넣고 강불에서 끓인다. 끓으면 중불로 줄여 여러 번 섞으면서 국물이 1/3 정도로 줄어들 때까지 15분 더 조린다.

[재료] 만들기 쉬운 양

- 톳 40g
- 당근 80g
- 곤약 1/2장
- 유부 1장
- 대두(찐 것) 80g

A 육수 2컵 반
청주 2큰술 반
설탕 3큰술 반
소금 1/3작은술
간장 2큰술

전날 준비 완성까지 OK
보관방법 냉장고에서 약 5일간, (냉동 가능. 24-25쪽 참조)

04

콜리플라워 카레 튀김

[조리법]

1 » 콜리플라워는 작은 송이로 떼어낸다. **A**의 튀김옷을 입혀 160도의 기름에서 조금 노릇해질 정도로 바삭하게 튀긴다.

2 » 금방 튀겨낸 것에 소금을 조금(분량 외) 뿌린다.

[재료] 만들기 쉬운 양

◦ 콜리플라워 1/4송이

A 밀가루 1/4컵
녹말가루 1큰술
물 50cc
카레가루 1/2작은술
소금 한 꼬집

전날준비 불가
보관방법 불가

05

청경채 우메보시 잔멸치 무침

[조리법]

1 » 청경채는 2~3cm 길이로 잘라 소금물에 살짝 데친 후 찬물에 담근다.

2 » 데친 청경채는 물기를 짜낸 후 잔멸치와 우메보시에 버무리고 간장으로 간을 맞춘다.

[재료] 만들기 쉬운 양

- 청경채 1단
- 잔멸치 1큰술
- 우메보시(씨 제거한 것) 1/2큰술
- 간장 조금

전날준비 1까지 OK

보관방법 불가

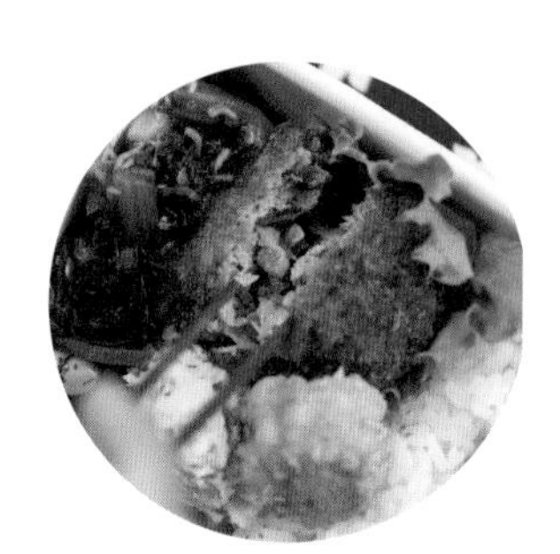

동그랗고 두터운 멘치카츠.
양배추와 양파가 많아
뒷맛이 깔끔하다.

멘치카츠

기본 멘치카츠

[조리법]

1 » 양파는 대강 다져 식용유에 볶아 식혀 둔다.

2 » 메인 야채를 준비한다.

3 » 돼지고기에 소금, 후추, 넛맥을 넣고 잘 반죽한다.

4 » **3**에 **1**, 빵가루, 달걀 푼 것을 넣고 반죽한다.

5 » 반죽의 마지막에 **2**를 넣고 잘 섞어 준다.

6 » 반죽을 동그랗게 4등분한 후 밀가루, 달걀 푼 것, 빵가루를 순서대로 입힌다. 160도로 가열한 기름에 넣고 표면이 굳으면 뒤집는다. 약불에서 5분, 강불에서 1~2분 정도 여러 번 뒤집으며 바삭하게 튀긴다.

[재료] 4개 분량

- 돼지고기(다진 것) 150g
- 양파 60g
- 각 메인 야채
- 빵가루 2큰술
- 달걀(푼 것) 1/3개 분량
- 소금 1/4작은술
- 후추 조금
- 넛맥 조금
- 튀김용 기름 적당량

◎ **튀김옷**
밀가루, 달걀(푼 것),
빵가루 각각 적당량

보관방법 튀긴 후 모두 냉동 가능
(24-25쪽 참조)

가지 멘치카츠

[조리법]

1 » 기본 멘치카츠의 과정 **1**과 같다.

2 » 가지는 1.5cm 크기로 잘라 소금을 조금(분량 외) 넣고 섞는다. 2~3분쯤 두고 숨이 죽으면 물기를 꽉 짜낸다.

3 » 117쪽 '기본 멘치카츠'의 과정 **3~6**과 같다.

[재료] 4개 분량

◦ 기본 멘치카츠 재료
+가지 1개

전날준비 **1**까지 OK

Tip

고기에 넣는 가지는 소금에 버무린 후 불순물을 제거하고 물기를 빼 둔다.

연근 멘치카츠

[조리법]

1 » 기본 멘치카츠의 과정 **1**과 같다.

2 » 연근은 5mm 굵기로 잘라 식초물에 헹구고 체에 밭쳐 물기를 빼 둔다.

3 » 117쪽 '기본 멘치카츠'의 과정 **3~6**과 같다.

[재료] 4개 분량

◦ 기본 멘치카츠 재료
+연근 60g

전날준비 **2**까지 OK

브로콜리 멘치카츠

[조리법]

1 » 기본 멘치카츠의 과정 1과 같다.

2 » 브로콜리는 대강 다진다. 줄기 부분의 겉껍질을 두껍게 벗겨낸 뒤 남은 부분을 1cm 크기로 자른다.

3 » 117쪽 '기본 멘치카츠'의 과정 **3~6**과 같다.

[재료] 4개 분량

◦ 기본 멘치카츠 재료
+브로콜리 60g

전날 준비 **2**까지 OK

부추 숙주나물 멘치카츠

[조리법]

1 » 기본 멘치카츠의 과정 1과 같다.

2 » 숙주나물은 씻어서 체에 밭쳐 물기를 충분히 빼둔다. 부추는 1cm 길이로 자른다.

3 » 117쪽 '기본 멘치카츠'의 과정 **3~6**과 같다.

[재료] 4개 분량

◦ 기본 멘치카츠 재료
+숙주나물(굵은 것) 1/4팩(50g), 부추 1/4단

전날 준비 **2**까지 OK

감자 샐러드

카레 감자 샐러드

[조리법]

1 » 감자는 껍질을 벗기고 2cm 크기로 자른다. 양파도 2cm 크기로 자른다. 당근은 3mm 두께의 은행잎 모양으로 자른다. 모두 체에 밭쳐 부드러워질 때까지 찜기에서 찐다.

2 » **1**이 완성되면 양파, 당근은 그대로 식혀 둔다. 감자는 볼에 옮겨 **A**로 밑간을 하고 식혀 둔다.

3 » 오이는 잘게 썰어준 후 소금을 조금(분량 외) 넣고 버무린다. 숨이 죽으면 물기를 짠다. 삶은 달걀은 잘게 썬다. 소시지는 1cm 두께로 자르고 식용유에 볶아 식혀 둔다.

4 » **2**와 **3**을 **B**와 버무린다.

[재료] 만들기 쉬운 양

- 감자(큰 것) 4개(500g)
- 양파(큰 것) 1/4개(80g)
- 당근(중간 크기) 1/4개(50g)
- 오이 1개
- 달걀(삶은 것) 2개
- 소시지 4개

A 소금, 후추 각각 적당량
식초 1큰술

B 마요네즈 100g
카레가루 1큰술
굴소스 2/3큰술
간장 1작은술

전날 준비 완성까지 OK

보관방법 냉장고에서 약 3일간

꽃새우 파래가루 감자 샐러드

[조리법]

1 » 감자는 껍질을 벗기고 2cm 크기로 자른다. 양파도 가로로 반 자른 후 얇게 썬다. 모두 체에 발쳐 찜기에서 부드러워질 때까지 찐다.

2 » 다 찌면 양파는 그대로 식혀 둔다. 감자는 볼에 옮겨 **A**로 밑간을 하고 식혀 둔다. 취향에 맞게 감자를 으깨도 좋다.

3 » 꽃새우는 프라이팬에서 향이 올라올 때까지 기름 없이 그대로 볶는다.

4 » **2**와 **3**을 **B**와 버무린다.

[재료] 만들기 쉬운 양

- 감자(큰 것) 4개(500g)
- 양파(큰 것) 1/4개(80g)
- 꽃새우 10g

A 소금, 후추 각각 적당량
식초 1큰술

B 마요네즈 70g
파래가루 적당량
간장 1작은술

전날 준비 완성까지 OK

보관 방법 냉장고에서 약 3일간

검은깨 감자 샐러드

[조리법]

1 » 감자는 껍질을 벗기고 2cm 크기로 자른다. 체에 받쳐 찜기에서 부드러워질 때까지 찐다. 다 찌면 볼에 옮겨 **A**로 밑간을 하고 식혀 둔다. 취향에 맞게 감자를 으깨도 좋다.

2 » 오이는 얇게 썰어 소금을 조금(분량 외) 뿌려 버무린다. 숨이 죽으면 물기를 짠다. 옥수수 통조림은 체에 밭쳐 물기를 빼 둔다.

3 » **1**과 **2**를 **B**와 버무린다.

[재료] 만들기 쉬운 양

- 감자(큰 것) 4개(500g)
- 오이 1개
- 옥수수 통조림 50g

A 소금, 후추 각각 적당량
식초 1큰술

B 마요네즈 70g
검은깨(으깬 것) 3큰술
간장 1작은술

전날 준비 완성까지 OK

보관 방법 냉장고에서 약 3일간

감자 샐러드는 쪄서
식히는 등 시간이 걸리기 때문에
전날에 만들어 놓는 것을
추천한다. 그러면 간이 배어
맛있어진다.

유채나물 달걀 감자 샐러드

[조리법]

1 » 감자는 껍질을 벗기고 2cm 크기로 자른다. 양파도 가로로 반 자른 후 얇게 슬라이스 한다. 모두 체에 밭쳐 찜기에서 부드러워질 때까지 찐다.

2 » 다 찌면 양파는 그대로 식혀 둔다. 감자는 볼에 옮겨 **A**로 밑간을 하고 식혀 둔다. 취향에 맞게 감자를 으깨도 좋다.

3 » 유채나물은 소금물에 1분 정도 살짝 데쳐 찬물에 담갔다 물기를 짠 후 1cm 길이로 자른다. 삶은 달걀은 잘게 썬다.

4 » **2**와 **3**을 **B**와 버무린다.

[재료] 만들기 쉬운 양

- 감자(큰 것) 4개(500g)
- 양파(큰 것) 1/4개(80g)
- 유채나물 1단
- 달걀(삶은 것) 2개

A 소금, 후추 각각 적당량
식초 1큰술

B 마요네즈 70g
간장 1작은술

전날준비 완성까지 OK
보관방법 냉장고에서 약 3일간

영양밥 도시락

◦ 영양밥

◦ 마 베이컨 오믈렛

◦ 원통 어묵 튀김

◦ 양배추 초절임

조금은 손이 많이 가는 영양밥.
하지만 재료가 듬뿍 들어간 밥이 있으면
반찬과 초절임을 곁들이는 것만으로도 화려한 도시락이 된다.
볼록한 오믈렛은 자르지 않고 그대로 넣어서 밥과 같이 떠먹는 것도 맛있다.
장식으로 초록색을 곁들이고 싶을 때는 차조기를 사용하는 것을 추천한다.
산뜻한 향이 도시락과 잘 어울린다.

01
02
03
04

01

영양밥

[조리법]

1 » 쌀은 씻어서 체에 밭쳐 30분간 불린다.

2 » 유부는 가로로 반 잘라 채썬다. 곤약도 4조각으로 나눠 자른 후 채썬다. 미지근한 물에 마른 표고버섯을 불린 후 물기를 짜고 반으로 잘라 채썬다. 당근은 은행잎 모양으로 자르고 우엉은 어슷하게 자르거나 짧게 채썬다.

3 » 작은 냄비에 **2**와 **A**를 넣고 가열해 끓으면 약불에서 3분간 조린다. 국물째로 식혀 둔다.

4 » 밥솥에 쌀과 **3**을 넣고 가볍게 섞은 후 밥을 짓는다.

[재료] 만들기 쉬운 양

- 쌀 2홉
- 유부 1/2장
- 곤약 1/4장
- 표고버섯(말린 것) 1개
- 당근 1/4개(50g)
- 우엉 1/4개(50g)

A 육수 2컵(표고버섯 불린 물도 가능)
청주 2큰술
간장 2큰술
설탕 2작은술
소금 1/4작은술

전날 준비 **3**까지 OK
보관 방법 불가

Tip

물기가 나오기 쉬운 야채를 넣어 밥을 지을 땐 재료를 먼저 조려 간을 배게 하면 맛있게 만들 수 있다.

02

마 베이컨 오믈렛

[조리법]

1 » 마는 껍질을 벗기고 4~5cm 길이의 직사각형 모양으로 자른다. 베이컨은 1cm 폭으로 자른다.

2 » 프라이팬에 식용유를 두르고 가열한 후 베이컨과 마를 중불에서 볶는다. 마의 겉부분이 조금 투명해지면 소금, 후추, 간장을 넣고 한 번 가볍게 섞은 뒤 불을 끈다.

3 » 볼에 달걀과 마요네즈를 살짝 섞어 둔다.

4 » 다른 프라이팬에 식용유를 둘러 가열한 후 그대로 강불에서 **3**을 넣고 섞는다. 익으면 약불로 조절하고 **2**를 골고루 뿌려 주걱으로 재빠르게 접는다.

[재료] 1인분

- 마 3cm(50g)
- 베이컨 1장
- 달걀 2개
- 마요네즈 1큰술
- 식용유 적당량
- 소금, 후추 각각 조금
- 간장 1/2작은술

전날 준비 불가

보관 방법 불가

Tip

달걀을 접을 때는 주걱으로 오른쪽 앞을 들어내 반대편으로 접고 그대로 달걀 전체로 미끄러뜨려 안으로 이동시킨다. 그릇을 프라이팬 가까이에 두고 뒤집듯이 떨어뜨리면 자연스레 동그랗게 감싸진다.

03

원통 어묵 튀김

[조리법]

1 » 원통 어묵은 3등분으로 비스듬하게 자른다.

2 » A로 옷을 입힌 후 중온의 기름에 넣는다. 굴려가며 조금 노릇해질 정도로 바삭하게 튀긴다.
프라이팬에 기름을 넉넉하게 둘러 튀김 구이로 만들어도 좋다.

[재료] 2인분

◦ 원통 어묵(작은 것) 4개
◦ 튀김용 기름 적당량

A 밀가루 1큰술
녹말가루 1/2큰술
물 1큰술 반
파래가루 1/2큰술
소금 조금

전날준비 불가
보관방법 불가

Tip

원통 어묵은 금방 익기 때문에 노릇해질 정도로만 살짝 튀긴다.

04

양배추 초절임

[조리법]

1 » 양배추는 5cm 크기로 잘라 소금을 뿌리고 30분간 재워 둔다.

2 » 물기를 충분히 짜고 나서 **A**와 섞고 간이 밸 때까지 잠시 놓아 둔다.
곧바로 먹을 때는 비닐 등에 넣어 가볍게 무치기만 하면 된다.

[재료] 만들기 쉬운 양

- 양배추 200g
- 소금 1/2작은술

A 식초 1/4컵
설탕 1큰술

전날 준비 완성까지 OK
보관 방법 냉장고에서 약 7일간

폭신하고 촉촉한
오믈렛 안에는 소금 간이 잘 밴
마와 베이컨이 들어있다.
달걀의 부드럽고 깊은 맛과
찰떡궁합이다.

의외로 쉬운 오징어밥 도시락

◦ 오징어밥
◦ 소송채 소금 볶음
◦ 비지 고구마 샐러드

부드러운 오징어밥이 통째로 도시락에 들어갔다!
지역 명물도시락 못지않은 오징어밥도 만들어 보면 의외로 간단하다.
게다가 제철인 시기에 사면 저렴하게 즐길 수 있다.
오징어 표면에는 감칠맛이 듬뿍 감도는 국물을 얹고
살짝 볶은 푸른 야채를 깔아 담는 것을 추천한다.
담백한 비지 샐러드는 다른 용기에 따로 담는 편이 좋다.
그러면 맛이 섞이지 않아 안심이 된다.

01
03
02

01

오징어밥

[조리법]

1 » 찹쌀은 씻어서 30분~1시간 정도 물에 불린 후 체에 밭쳐 둔다.

2 » 오징어는 다리를 잡아당겨 내장과 연골을 제거하고 깨끗하게 씻어 물기를 뺀다. 다리는 내장과 분리해 잘라 빨래판에서 문지르듯이 씻고 물기를 빼 둔다.

3 » 오징어 몸통에 찹쌀을 50~60% 채워 넣고 이쑤시개로 꿰매듯이 꽂아 둔다.

4 » 냄비에 **A**를 끓이고 **3**과 다리를 넣어 뚜껑을 덮는다. 약불에서 1시간 정도, 너무 조리지 않도록 살피면서 조린다. 국물에 오징어가 전부 잠기지 않는다면 중간에 뒤집어 준다.

[재료] 6공기 분량

- 오징어(길이 20cm 정도) 6마리
- 찹쌀 1컵

A 물 4컵
청주 1/3컵
설탕 4큰술
간장 75cc

전날 준비 완성 또는 **3**까지 OK
보관 방법 국물에 넣고 냉장고에서 약 3일간

Tip

뚜껑이 있는 냄비에서 약불로 조리면 부드러운 식감으로 완성된다.

02

소송채 소금 볶음

[재료] 2인분

- 소송채 1/2단
- 식용유 1/2큰술

A 청주 1큰술
소금 1/4작은술
물 1큰술

전날준비 불가
보관방법 불가

[조리법]

1 » 소송채는 3cm 길이로 자른다. **A**는 잘 섞어 둔다.

2 » 프라이팬에 식용유를 두르고 가열한 후 소송채를 강불에서 볶는다. 숨이 조금 죽으면 재빨리 **A**를 넣어 살짝 볶는다.

Tip

남은 열로도 익기 때문에 강불에서 재빨리 마무리한다.

03

비지 고구마 샐러드

[조리법]

1 » 비지는 **A**로 밑간을 해 둔다.

2 » 고구마는 1cm 두께의 은행잎 모양으로 썬다.
설탕 1큰술(분량 외), 물 100cc와 함께 냄비에 넣고 약불에서 부드러워질 때까지 조린다. 국물이 있는 채로 식힌다.

3 » 양파는 얇게 슬라이스 해서 찌거나 삶은 후 식혀 둔다. 오이는 원형으로 썰어 소금(분량 외)에 버무리고 물기가 나오면 가볍게 짜낸다. 햄은 반으로 잘라 5mm 폭으로 자른다.

4 » **1**에 물기를 뺀 **2**의 고구마와 **3**을 넣고 **B**와 무친다.

[재료] 만들기 쉬운 양

- 비지 100g
- 고구마(중간 크기) 1/2개(100g)
- 양파 1/8개
- 오이 1/2개
- 햄 2장

A 설탕 1/4큰술
식초 1/2큰술
소금, 후추 각각 조금

B 마요네즈 50g
고구마 끓인 물 적당량

전날준비 **2, 3**까지 OK
보관방법 불가

Tip

비지는 익히지 않기 때문에 신선한 것을 사용한다. 양파의 물기를 빼지 않고, 고구마 조림국물을 더해 촉촉한 샐러드를 완성한다.

감칠맛이 듬뿍 도는 오징어와
쫀득쫀득한 식감의 찹쌀.
둘 다 달콤짭조름한 맛이 스며들어
촉촉하고 부드럽게 완성됐다.

달콤짭짤한 돼지고기 덮밥 도시락

◦ 달콤짭짤한 돼지고기 덮밥
◦ 콩 감자 샐러드
◦ 방울토마토 생강 초절임

고기를 마음껏 먹을 수 있는 이런 도시락도 때로는 반갑다.
밥 위에 야채를 듬뿍 올리고 수제 데리야끼 소스를 바른 돼지고기를 얹어 준다.
달콤 짭조름하고 육즙이 터져 나오는 돼지고기는 밥도둑이다.
그 옆에는 콩의 부드러운 맛을 즐길 수 있는 감자 샐러드와
초생강처럼 새콤한 맛으로 메인요리를 돋보이게 하는 토마토 생강 초절임을 곁들인다.

01
02
03

01

달콤짭짤한 돼지고기 덮밥

[조리법]

1 » 돼지고기는 힘줄을 제거하고 밀대로 가볍게 두드려서 얇게 만든다. 소금, 후추(둘 다 분량 외)를 뿌려 둔다.

2 » 양배추, 당근, 차조기는 채썰어 모아 둔다.

3 » 돼지고기에 밀가루(분량 외)를 뿌리고 식용유 조금(분량 외)을 가열한 프라이팬에 식용유(분량 외)를 두른다. 양면이 노릇노릇해질 때까지 중불에서 굽고 뚜껑을 덮어 약불에서 5분 정도 더 굽는다.

4 » 뚜껑을 열고 키친타월로 남아 있는 기름을 닦아 낸다. 데리야끼 소스를 추가해 중불에서 조린 후 꺼내 먹기 좋은 크기로 자른다.

5 » 프라이팬에 남아 있던 소스를 밥 위에 조금 뿌리고 **2**의 야채를 올린 뒤 **4**를 얹는다.

[재료] 2인분

- 돈가스용 돼지 목등심 2장(1장 120g)
- 양배추 적당량
- 당근 적당량
- 차조기 적당량
- 데리야끼 소스* 4큰술
- 공기밥 2그릇

전날준비 불가

보관방법 불가

Tip

돼지고기는 등심을 사용해도 맛있다. 식으면 조금 딱딱해지니 먹기 좋도록 얇게 만드는 것을 추천한다.

***데리야끼 소스**

[조리법]

1 » 맛술을 가열해 조린다.

2 » 간장, 설탕을 넣고 넘치지 않도록 약불에서 5분 정도 조린다.

[재료] 만들기 쉬운 양

- 맛술 1컵
- 간장 1/2컵
- 설탕 2큰술

보관방법 냉장고에서 약 30일간

02

콩 감자 샐러드

[조리법]

1 » 냄비에 2cm 크기로 자른 감자를 넣는다. 감자가 잠길 정도로 물을 넣고 가열해 끓기 시작하면 약불로 조절한다.

2 » 감자가 익으면 대두도 넣는다. 2~3분 정도 더 같이 삶다가 건져낸 뒤 곧바로 볼에 옮겨 소금을 넣는다. 열기가 가시면 마요네즈로 버무리고 식힌다.

3 » 완전히 식으면 파래가루를 섞는다.

[재료] 만들기 쉬운 양

- 감자(큰 것) 2개(250g)
- 대두(찐 것) 100g
- 소금 1/3작은술
- 마요네즈 2큰술
- 파래가루 적당량

전날 준비 완성 또는 감자를 잘라 물을 담은 용기에 넣는 것까지 OK(20쪽 참조)

보관 방법 냉장고에서 약 3일간

Tip

감자는 체에 발쳐 두면 수분이 빨리 날아가 으스러지기 때문에 수분이 있는 채로 재빨리 볼에 옮겨 촉촉함을 유지한 상태에서 간을 해 완성한다.

03

방울토마토 생강 초절임

[조리법]

1 » 방울토마토를 뜨거운 물에 10초 정도 넣었다가 찬 물로 옮겨 물기를 빼고 껍질을 벗긴다.

2 » A로 버무린다.

[재료] 만들기 쉬운 양

◦ 방울토마토 10개(150g)

A 생강(간 것) 1/2작은술
식초 1큰술
설탕 1/2큰술
소금 조금

전날 준비 완성까지 OK
보관 방법 냉장고에서 약 3일간

Tip

토마토껍질을 손으로만 벗기기 힘든 경우에는 칼집을 내 벗긴다.

깊은 용기에 덮밥식으로 담아 보았다. 고기 소스가 스며든 야채 샐러드도 부드럽고 맛있어 계속해서 먹게 된다.

카모메 식당의 반찬들

카모메 식당의 반찬에는 도시락에 추천할 만한 메뉴가 더 많다.
여기서부터는 고기 및 생선 반찬, 샐러드, 볶음 요리, 무침 요리 등으로
분류해서 소개할 것이다. 도시락에는 물론이고 저녁 반찬으로도 좋다.
시간이 있을 때 한꺼번에 만들어 놓는 등 자유롭게 활용해 보자.

브로콜리 토마토 소스 치킨카츠

[조리법]

1 » 닭고기는 한입 크기로 잘라 소금, 후추를 뿌리고 밀가루, 달걀 푼 것, 빵가루를 순서대로 입힌다.

2 » 브로콜리는 작은 송이로 떼어 소금물에 1분 정도 살짝 데치고 재빨리 식힌 후 1cm 크기로 자른다. 토마토도 1cm 크기로 자른다.

3 » **A**를 섞은 후 **2**를 넣어 소스를 만든다.

4 » 닭고기를 160도로 가열한 기름에 넣고 표면이 익으면 약불에서 5분, 강불에서 1~2분 정도 여러 번 뒤집으며 바삭하게 튀긴다. **3**의 소스를 얹는다.

[재료] 만들기 쉬운 양

- 닭 넓적다리살 200g
- 소금, 후추 각각 적당량
- 브로콜리(작은 것) 1/4송이
- 토마토(작은 것) 1/4개

A 마요네즈 50g
굴소스 2큰술
식초 2작은술
설탕 1/2작은술

◎ **튀김옷**
밀가루, 달걀(푼 것), 빵가루 각각 적당량

전날 준비 **2**까지 OK
보관방법 불가

Tip

브로콜리는 남은 열로 너무 부드러워지지 않도록 부채 등으로 부쳐 재빨리 식힌다.

닭고기 탕수육

[조리법]

1 » 닭고기는 한입 크기로 잘라 A, B를 순서대로 넣고 버무린다. 마른 표고버섯은 따뜻한 물에서 불린다.

2 » 양파, 당근, 죽순, 표고버섯, 피망은 적당한 크기로 자른다. 당근, 죽순은 같이 삶다가 당근이 조금 단단할 때 둘 다 체에 옮긴다.

3 » 160도로 가열한 기름에서 피망을 살짝 튀긴 후 꺼낸다. 같은 기름에 1의 닭고기를 넣어 5분, 고온으로 올려 1~2분 정도 바삭하게 튀긴다.

4 » 웍에 식용유를 두르고 강불에서 양파, 표고버섯을 볶는다. 기름이 퍼지면 당근, 죽순, C를 넣는다. 끓으면 3을 넣고 약불로 조절한 후 D를 넣어 걸쭉하게 만든다.

[재료] 만들기 쉬운 양

◦ 닭 넓적다리살 200g
◦ 양파 1/4개
◦ 당근 1/4개
◦ 죽순 1/4팩(50g)
◦ 표고버섯(말린 것)
◦ 피망 1개
◦ 튀김용 기름 적당량

A 간장 1큰술
후추 조금

B 달걀(푼 것) 1/2개 분량
녹말가루 3큰술

C 물 1/2컵
설탕 1/2컵(65g)
간장 1/4컵
식초 1/2컵

D 녹말가루 1큰술
물 1큰술

전날준비 2까지 OK
보관방법 불가

Tip

피망의 빛깔과 식감이 좋아지기 때문에 살짝 튀기는 것을 추천한다. 번거로울 때는 피망을 4에서 볶아도 된다.

유린기

[조리법]

1 » 닭고기는 한입 크기로 잘라 **A**에 버무려 놓는다.

2 » 내열용기에 **B**를 담고 전자레인지에서 1분간 가열해 가볍게 섞은 후 설탕을 넣어 파 소스를 만든다.

3 » **1**에 녹말가루를 묻혀 160도로 가열한 기름에 넣는다. 표면이 굳기 시작하면 뒤집고 약불에서 5분, 강불에서 여러 번 뒤집으며 1~2분 정도 바삭하게 튀긴다. **2**의 소스를 듬뿍 얹는다.

[재료] 만들기 쉬운 양

◦ 닭 넓적다리살 200g
◦ 튀김용 기름 적당량

A 청주 1큰술
간장 1큰술

B ◎ **파 소스**
대파(다진 것) 1/2개
간장 2큰술
설탕 1큰술
꿀 1큰술
참기름 1큰술
◎ **튀김옷**
녹말가루 적당량

전날 준비 **2**까지 OK
보관방법 불가

Tip

파 소스를 너무 많이 섞으면 점액이 나오기 때문에 가볍게만 섞어 둔다.

카레 치즈 가라아게

[조리법]

1 » 닭고기는 한입 크기로 잘라 **A**에 버무린 후 1시간~하룻밤 재워 둔다.

2 » **1**을 160도로 가열한 기름에 넣는다. 표면이 굳기 시작하면 뒤집고 약불에서 5분, 강불에서 여러 번 뒤집으며 1~2분 정도 바삭하게 튀긴다.

[재료] 만들기 쉬운 양

- 닭 넓적다리살 200g
- 튀김용 기름 적당량

A 소금 1/2작은술
카레가루 1작은술
파마산치즈 1큰술 반
달걀(푼 것) 1/4개 분량
우유 1큰술
녹말가루 1큰술

전날준비 **1**까지 OK
보관방법 불가

Tip

A에 우유가 더해지면 닭고기가 촉촉하게 완성된다.

닭고기 미소된장카츠

[조리법]

1 » 닭고기는 한입 크기로 잘라 소금, 후추를 뿌린 후 밀가루, 달걀 푼 것, 빵가루를 순서대로 입힌다.

2 » **A**를 작은 냄비에서 섞어 한 번 조린다.

3 » **1**을 160도로 가열한 기름에 넣는다. 표면이 굳기 시작하면 뒤집고 약불에서 5분, 강불에서 여러 번 뒤집으며 1~2분 정도 바삭하게 튀긴다. **2**의 소스를 듬뿍 얹는다.

[재료] 만들기 쉬운 양

- 닭 넓적다리살 200g
- 소금, 후추 각각 적당량
- 튀김용 기름 적당량

A 미소된장 30g
설탕 20g
청주 2/3큰술
간장 1/2큰술
물 1큰술

◎ **튀김옷**
밀가루, 달걀(푼 것),
빵가루 각각 적당량

전날준비 **2**까지 OK
보관방법 불가

차조기 닭 튀김

[조리법]

1 » 닭고기는 한입 크기로 잘라 A와 버무린 후 2시간 이상 재워 둔다.

2 » B를 가볍게 섞어 튀김옷을 만든 후 차조기를 잘라 넣는다.

3 » 1에 2를 묻혀 160도로 가열한 기름에 넣는다. 표면이 굳기 시작하면 뒤집고 약불에서 5분, 강불에서 여러 번 뒤집으며 1~2분 정도 바삭하게 튀긴다.

[재료] 만들기 쉬운 양

◦ 닭 넓적다리살 200g
◦ 차조기 10장
◦ 튀김용 기름 적당량

A 청주 1큰술
간장 1큰술
생강(간 것) 조금

B 밀가루 1/3컵
녹말가루 1/6컵
달걀(푼 것) 1/2개 분량
찬물+달걀(푼 것) 1/2컵
소금 조금

전날준비 1까지 OK

보관방법 불가

톳 두부 햄버그

[재료] 6개 분량
- 닭고기(다진 것) 150g
- 두부 1/2모
- 톳(말린 것) 2큰술
- 껍질콩 2~3개
- 당근 1/7개(30g)
- 데리야끼 소스(139쪽 참조) 3큰술

A 달걀(푼 것) 1/2개 분량
녹말가루 1/2작은술
소금, 후추 각각 적당량

전날 준비 **1**까지 OK
보관 방법 냉장고에서 약 2일간

[조리법]

1 » 두부 위에 묵직한 그릇을 올려 물기를 뺀다. 톳은 물에 불려 씻어 모래를 제거한다. 그런 다음 살짝 데친 후 체에 밭쳐 간장을 조금(분량 외) 뿌려 둔다. 껍질콩은 소금물에 살짝 데친 후 찬물에 담갔다가 물기를 닦고 잘게 썬다. 당근은 다진다.

2 » 닭고기에 **A**를 넣고 반죽한다. **1**을 더해 두부를 으깨며 반죽한 뒤 6등분으로 나눠 동글납작하게 만든다.

3 » 프라이팬에 식용유를 조금(분량 외) 두르고 가열해 **2**를 양면이 노릇해질 때까지 중불에서 굽는다. 뚜껑을 덮은 후 익을 때까지 약불에서 3분 정도 더 굽는다.

4 » 키친타월로 남은 기름을 닦아낸 후 중불로 바꿔 데리야끼 소스를 넣고 섞는다.

연근 츠쿠네

[조리법]

1 » 양파, 연근, 차조기는 대강 다지고 연근은 식초물에 헹군 후 체에 밭쳐 둔다.

2 » 다진 닭고기에 **A**를 넣고 잘 반죽한다. **1**을 더해 버무린 뒤 4등분해서 둥글게 만든다.

3 » 프라이팬에 식용유를 조금(분량 외) 두르고 가열해 양면이 노릇해질 때까지 중불에서 굽고, 뚜껑을 덮어 익을 때까지 약불에서 3분 정도 굽는다.

4 » 키친타월로 프라이팬에 남아 있는 기름을 닦아낸 후 중불로 바꿔 데리야끼 소스를 넣고 섞는다.

[재료] 4개 분량

- 닭고기(다진 것) 150g
- 양파(중간 크기) 1/4개(50g)
- 연근(작은 것) 1/2개(70g)
- 차조기 10장
- 데리야끼 소스(139쪽 참조) 3큰술

A 달걀(푼 것) 1/2개 분량
소금, 후추 각각 조금
밀가루 1큰술

전날준비 **1**까지 OK

보관방법 냉장고에서 약 2일간

연근 샌드위치 튀김

[조리법]

1 » 양파는 대강 다져 식용유로 볶은 후 식혀 둔다.

2 » 연근은 5mm 두께로 얇게 썰어 8개를 만들고 식초물에 헹궈 체에 발쳐 둔다.

3 » 다진 돼지고기에 소금, 후추, 넛맥을 더해 잘 반죽한다.

4 » **1**과 빵가루, 달걀 푼 것을 넣고 반죽한다.

5 » 연근의 물기를 닦은 후 나란히 둔다. 연근 위에 밀가루를 얇게 뿌린다. **4**를 4등분해 연근 2개 사이(밀가루를 뿌린 쪽 안)에 넣는다.

6 » 밀가루, 달걀 푼 것, 빵가루를 순서대로 입히고 160도로 가열한 기름에 넣는다. 표면이 굳기 시작하면 뒤집고 약불에서 5분, 강불에서 여러 번 뒤집으며 1~2분 정도 튀긴다.

[재료] 4개 분량

- 돼지고기(다진 것) 100g
- 양파(큰 것) 1/8개(40g)
- 연근 적당량
- 빵가루 1큰술 반
- 달걀(푼 것) 1/4개 분량
- 소금 1/4작은술
- 후추 조금
- 넛맥 조금
- 튀김용 기름 적당량

◎ **튀김옷**
밀가루, 달걀(푼 것), 빵가루 각각 적당량

전날준비 **1**까지 OK
보관방법 불가

응용 레시피

고기말이, 멘치카츠 응용 레시피는 41, 116쪽 참조.

Tip

연근에 밀가루를 얇게 뿌려 두면 고기가 잘 붙는다.

대두 돼지고기 경단 데리야끼

[조리법]

1 » 대두는 비닐에 넣고 콩알이 조금 남는 정도까지 절구방망이로 빻는다. 부추는 1cm 길이로 자른다.

2 » 다진 돼지고기에 1과 A를 더해 잘 반죽하고 4등분으로 동그랗게 만든다.

3 » 프라이팬에 식용유를 조금(분량 외) 두르고 가열해 고기 양면이 노릇노릇해지면 물 2큰술(분량 외)을 넣은 후 뚜껑을 덮고 약불에서 굽는다. 수분이 없어지고 다 익으면 꺼낸다.

4 » 프라이팬을 깨끗이 닦고 B를 넣은 후 고기를 다시 넣어 중불에서 섞는다.

[재료] 작게 6개 분량

- 돼지고기(다진 것) 200g
- 대두(찐 것) 100g
- 부추 1/2단

A 소금 1/2작은술
녹말가루 1큰술

B 간장 2큰술
꿀 2큰술
식초 1큰술

전날준비 1까지 OK

보관방법 냉장고에서 약 2일간

Tip

대두를 으깨 다른 재료와 잘 어우러질 수 있게 만든다.

우엉 동그랑땡 튀김

[조리법]

1 » 우엉은 5mm 크기로 자른다. 식초물에 헹군 후 체에 발쳐 물기를 충분히 뺀다. 양파는 다져 둔다.

2 » 1을 볼에 넣고 녹말가루를 뿌려 둔다.

3 » 돼지고기에 **A**를 넣고 끈적해질 때까지 잘 섞는다.

4 » **2**를 더해 섞고 4등분해 납작한 원형으로 만든다.

5 » 튀김옷 재료를 섞어 **4**에 입히고 160도로 가열한 기름에 넣는다. 표면이 굳기 시작하면 뒤집어 약불에서 5분, 강불에서 여러 번 뒤집으며 1~2분 정도 바삭하게 튀긴다.

[재료] 4개 분량

- 돼지고기(다진 것) 100g
- 우엉 70g
- 양파(큰 것) 1/8개(40g)
- 녹말가루 1큰술
- 튀김용 기름 적당량

A 청주 1큰술
소금 1/4작은술
간장 1/4작은술
후추 조금

◎ **튀김옷**
달걀(푼 것) 1/2개 분량
찬물+달걀(푼 것) 1/2컵
소금 조금
밀가루 1/2컵

전날 준비 1까지 OK
보관방법 튀긴 후 냉동 가능

Tip

튀김옷을 찬물로 만들면 바삭하게 튀겨진다. 우엉과 양파에 녹말가루를 뿌려 두면 물컹해지지 않는다.

연어 미소된장 구이

[조리법]

1 » 표고버섯은 얇게 썰고 쪽파는 잘게 썬다.

2 » **A**를 섞은 후 **1**도 넣어 섞는다.

3 » 연어 1마리를 4토막 낸다. 시트를 깐 오븐팬에 연어를 2조각씩 붙여 올린 후(비슷한 크기가 되게 맞춘다) 가볍게 소금을 뿌린다.

4 » 연어 위에 **2**를 똑같은 양으로 얹고 220도로 맞춘 오븐에서 10분간 굽는다.

[재료] 4개 분량

- 연어 2마리
- 표고버섯 1개
- 쪽파 2개

A ◎ 마요네즈 소스

마요네즈 30g
미소된장 1큰술
간장 1/2작은술
육수 1/2큰술

전날 준비 **1**까지 OK

보관방법 불가

응용 레시피

생선 튀김 응용 레시피는 100쪽 참조.

Tip

연어에 소스를 얹어 구우면 서로 달라붙는다. 크기가 커도 상관이 없으면 연어를 자르지 않은 상태로 소스를 얹어도 된다.

삼치 당근 마리네

[조리법]

1 » **A**를 섞어 둔다. 당근은 필러로 가늘고 길게 깎은 후 소금을 조금 더해 무친다. 10분간 두었다가 숨이 죽으면 물기를 짜내 **A**에 절여 둔다.

2 » 삼치는 한입 크기로 잘라 소금, 후추로 간을 하고 밀가루를 뿌린다.

3 » 프라이팬에 식용유를 두르고 가열한 후 속까지 익고 양면이 노릇노릇해질 때까지 중불에서 3~4분 정도 굽는다. 바로 구워낸 것을 **1**에 절여 식힌다.

[재료] 만들기 쉬운 양

- 삼치 2마리
- 당근 1/2개
- 소금, 후추 각각 조금
- 밀가루 적당량

A 꿀 1큰술
식초 3큰술
소금 조금
식용유 1과 1/3큰술

전날준비 완성 또는 **1**까지 OK
보관방법 냉장고에서 약 3일간

Tip

삼치가 뜨거울 때 소금, 후추로 간이 배게 한다.

삼치 유자 구이

[조리법]

1 » 삼치에 소금을 가볍게 뿌린 후 30분간 재워 둔다. 물기가 나온 건 닦아내고 **A**에 하룻밤 절여 둔다.

2 » 시트를 깐 오븐팬에 물기 뺀 삼치를 껍질이 위로 향하게 올린다. 220도 오븐에서 10분 굽는다. 그릴에서도 가능하다.

Tip

유자즙은 레몬즙 등 다른 감귤 계열의 즙으로 대체할 수 있다.

[재료] 2마리 분량

◦ 삼치 2마리

A 청주 1/2큰술
맛술 1큰술 반
간장 1큰술
유자즙 1/2큰술

전날 준비 **1**까지 필수

보관방법 냉장고에서 2일간

고등어 고추장 구이

[조리법]

1 » 고등어에 소금(분량 외)을 가볍게 뿌리고 5분 정도 둔다. 물기가 나오면 닦아 낸 후 **A**에 30분~하룻밤 절여 둔다.

2 » 시트지를 깐 오븐팬에 물기 뺀 고등어를 껍질이 위로 향하게 올린다. 220도 오븐에서 10분 굽는다. 그릴에서도 가능하다.

Tip

고추장을 더해서 한식 느낌으로도 완성시킬 수 있다.

[재료] 2마리 분량

◦ 고등어 2마리

A 맛술 1큰술
설탕 1큰술
간장 1큰술
식초 1/2큰술
고추장 1/2큰술
생강(간 것) 조금

전날 준비 **1**까지 OK

보관 방법 냉장고에서 2일간

소고기 순무 조림

[조리법]

1 » 순무는 가로로 반 자른 것을 6등분한다. 이파리는 1cm 길이로 자른다.

2 » 냄비에 참기름을 두르고 가열해 소고기를 볶고 반 정도 익으면 순무를 더해 볶는다.

3 » 기름이 퍼지면 **A**를 넣고 뚜껑을 덮는다. 가끔 주걱으로 저으며 약불에서 5분 정도 조린다. 순무가 부드러워지기 전에 한 번 뒤집으며 국물을 골고루 묻혀 준다.

4 » 순무가 익으면 뚜껑을 열어 이파리를 넣는다. 모양이 일그러지지 않게 조심하면서 냄비를 흔들듯 섞으며 가볍게 조린다.

[재료] 만들기 쉬운 양

- 소고기(얇게 저민 것) 100g
- 순무(중간 크기) 3개(400g)
- 참기름 1큰술

A 육수 2/3컵
설탕 1큰술
맛술 1큰술 반
간장 2큰술

전날준비 완성까지 OK
보관방법 냉장고에서 약 3일간

순무 유부 살짝 조림

[조리법]

1 » 순무는 빗 모양으로 썬다.

2 » 유부는 가로로 2등분한 후 1cm 폭으로 자른다.

3 » 냄비에 **A**를 끓인 후 **1**과 **2**를 넣고 뚜껑을 덮어 중불에서 순무가 익을 때까지 조린다.

[재료] 만들기 쉬운 양

◦ 순무(중간 크기) 3개(400g)

◦ 유부 1장

A 육수 1컵 반
설탕 2작은술
맛술 2큰술
간장 1큰술
소금 1/4작은술

전날 준비 완성까지 OK

보관 방법 냉장고에서 약 3일간

무 관자 살짝 조림

[조리법]

1 » 무는 5mm 폭으로 채썬다.

2 » 관자는 손으로 대강 손질한 후 청주 1큰술(분량 외)을 뿌려 둔다.

3 » 냄비에 A와 1, 2를 넣고 바짝 조린 후 약불에서 뚜껑을 덮고 무가 익을 때까지 조린다.

Tip

무를 가늘고 길게 썰면 잘 익어 빠르게 완성할 수 있다.

[재료] 만들기 쉬운 양

- 무(300g)
- 관자(익힌 것) 100g

A 육수 1컵
설탕 2/3작은술
맛술 1큰술 반
간장 1큰술
소금 조금

전날준비 완성까지 OK
보관방법 냉장고에서 3일간

언두부 달걀 조림

[조리법]

1 » 언두부는 물에 불려 흐르는 물에서 짠 후 충분히 씻는다. 물기를 충분히 짜낸 후 2cm 크기로 자른다.

2 » 풋완두 꼬투리는 심을 제거하고 소금물에 살짝 데친다. 재빠르게 식힌 후 비스듬하게 반 자른다.

3 » 냄비에 **A**를 끓이고 언두부를 넣어 뚜껑을 덮은 후 아주 약한 불에서 30분간 조린다.

4 » 풋완두 꼬투리를 흩뿌리고 달걀 푼 것을 넣어 살짝 섞은 후 달걀이 익으면 불을 끈다.

[재료] 만들기 쉬운 양

◦ 언두부 4장
◦ 풋완두 꼬투리 8~10개
◦ 달걀(푼 것) 3개 분량

A 육수 3컵
맛술 50cc
설탕 2큰술
국간장 1큰술 반
소금 1/4작은술

전날준비 완성 또는 **2**까지 OK
보관방법 냉장고에서 약 3일간

당근 매실 조림

[조리법]

1 » 당근은 5mm 두께의 반달 모양으로 자른다.

2 » 작은 냄비에 넣어 물 100cc(분량 외), 우메보시, 가다랑어포를 넣고 끓인다. 끓기 시작하면 약불로 줄여 당근이 부드러워지고 국물이 거의 없어질 때까지 조린다.

[재료] 만들기 쉬운 양

- 당근 1/2개
- 우메보시(씨 제거한 것) 1큰술
- 가다랑어포 적당량

전날준비 완성까지 OK

보관방법 냉장고에서 약 3일간

고구마 유부 미소된장 조림

[조리법]

1 » 고구마는 1cm 두께의 반달 모양으로 자르고 물에 헹군다. 유부는 가로로 반 자른 후 2cm 폭으로 자른다.

2 » 냄비에 물기를 뺀 고구마와 육수를 넣고 끓인다. 끓으면 A와 유부를 넣어 뚜껑을 덮고 고구마가 부드러워질 때까지 약불에서 조린다.

3 » 뚜껑을 열어 미소된장을 녹여 넣고 살짝 섞은 후 불을 끈다.

[재료] 만들기 쉬운 양

- 고구마(큰 것) 1개 (300g)
- 유부 1장
- 육수 2컵
- 미소된장 1큰술

A 청주 1큰술
설탕 1큰술
맛술 1큰술
간장 1/2큰술

전날준비 완성까지 OK
보관방법 냉장고에서 약 3일간

Tip

마무리할 때 미소된장이 잘 섞이지 않으면 냄비째 흔들어서 국물을 섞어도 된다.

고구마 금귤 꿀 조림

[조리법]

1 » 고구마는 1cm 두께로 얇게 썰어 물에 헹군다. 금귤은 5mm 두께로 썰고 씨를 제거한다.

2 » 물기를 뺀 고구마, 금귤, 꿀, 레몬즙, 물 250cc(분량 외)를 냄비에 넣고 뚜껑을 덮은 뒤 고구마가 부드러워질 때까지 약불에서 조린다.

[재료] 만들기 쉬운 양

- 고구마(큰 것) 1개 (300g)
- 금귤 10개
- 꿀 60g
- 레몬즙 1큰술

전날준비 완성까지 OK

보관방법 냉장고에서 약 7일간

고구마 레몬 조림

[조리법]

1 » 고구마는 1cm 두께로 얇게 썰어 물에 헹군다.

2 » 물기를 뺀 고구마를 냄비에 넣고 고구마가 잠길 정도로만 물을 넣어 끓인다. 끓기 시작하면 **A**를 넣고 고구마가 익을 때까지 아주 약한 불에서 조린다. 모양이 일그러지지 않도록 주의한다.

[재료] 만들기 쉬운 양

◦ 고구마(큰 것) 1개(300g)

A 설탕 3큰술
레몬즙 2큰술

전날 준비 완성까지 OK

보관방법 냉장고에서 약 7일간

Tip

고구마가 일그러지지 않도록 완성될 때까지 중간에 건드리지 않는다.

단호박 코티지 치즈 샐러드

[조리법]

1 » 단호박은 2cm 크기로 자른다. 양파는 가로로 반 자른 후 얇게 슬라이스 한다. 전부 체에 발쳐 부드러워질 때까지 찌고 나서 양파는 그대로 식히고 단호박은 소금, 후추를(둘 다 분량 외) 뿌린 후 식힌다.

2 » 브로콜리는 작은 송이로 떼어 내 소금물에 살짝 데친 후 얼른 식힌다.

3 » 볼에 **A**를 섞어 **1**과 **2**를 넣고 가볍게 버무린다.

[재료] 만들기 쉬운 양

- 단호박 1/4개(300g)
- 양파(큰 것) 1/4개(80g)
- 브로콜리 1/4송이

A 코티지 치즈 100g
마요네즈 3큰술
레몬즙 1큰술
소금, 후추 각각 조금

전날준비 완성 또는 **2**까지 OK
보관방법 냉장고에서 약 2일간

감자 샐러드의 응용 레시피는 120쪽 참조.

배추 달걀 볶음 샐러드

[조리법]

1 » 배추는 2cm 폭으로 자른다. 소금물에 배추심, 이파리 순으로 넣어 가볍게 데친 후 체에 밭친다. 남은 열이 가시면 물기를 짜서 볼에 옮겨 밑간인 **A**를 섞어 식혀 둔다.

2 » 시금치는 소금물에 살짝 데쳐 찬물에 담근다. 물기를 짜낸 후 3cm 길이로 자른다.

3 » 달걀에 **B**를 넣어 섞은 후 프라이팬에 버터를 넣고 가열해 달걀을 볶는다.

4 » 배추를 한 번 더 짠 후 볼에 옮겨 **2**와 **3**을 넣고 **C**로 버무린다.

[재료] 만들기 쉬운 양

- 배추(큰 것) 1/8개(350g)
- 시금치 1/2단
- 달걀 2개
- 버터(무염) 10g

A 설탕 1/2큰술
소금 조금
다시마차 1/3큰술

B 설탕 1작은술
소금 조금

C 마요네즈 2큰술
간장 조금

전날준비 **2**까지 OK

보관방법 불가

Tip

달걀을 버터로 볶으면 풍미가 더해진다. 식으면 버터가 굳어 배추에서 수분이 잘 나오지 않게 된다.

무말랭이 샐러드

[조리법]

1 » 무말랭이는 물에 불려 5분 정도 지나면 체에 발쳐 소금을 조금(분량 외) 뿌려 버무린다. 소금을 씻어 내고 다시 물에 30분간 담근다. 체에 발쳐 물기를 짜내고 길이가 긴 것은 먹기 좋게 잘라 둔다.

2 » 양파는 가로로 반 자른 후 얇게 슬라이스 한다. 당근은 채썬다. 전부 체에 발쳐 찜기로 찐 다음 식혀 둔다. 양파는 부드러워질 때까지, 당근은 살짝 익히는 정도로 찐다. 오이는 채썰어 둔다.

3 » 볼에 A를 모두 넣어 섞고 1, 2와 기름을 뺀 참치를 넣어 무친다.

[재료] 만들기 쉬운 양

- 무말랭이 30g
- 양파(큰 것) 1/8개(40g)
- 당근 적당량
- 오이 1/2개
- 참치 통조림(작은 것) 1/2캔

A 마요네즈 1큰술 반
식초 1큰술 반
설탕 1/4작은술
소금, 후추 각각 조금
간장 1/4큰술
다시마차 1/4작은술
참기름 1/4큰술

전날 준비 완성까지 OK

보관 방법 냉장고에서 약 3일간

Tip

무말랭이는 소금으로 문질러 힘줄을 없애 주면 간이 잘 밴다.

콩과 톳 샐러드

[조리법]

1 » 믹스빈즈를 살짝 데쳐 체에 발쳐 물기를 뺀 후 볼에 옮겨 **A**의 1/2 양으로 밑간을 하고 식혀 둔다.

2 » 톳은 물에 불린 후 씻어서 모래를 털어 낸다. 냄비에 물과 톳을 넣고 끓인다. 끓으면 톳을 체에 발쳐 물기를 충분히 제거한 후 볼에 옮겨 남은 **A**로 밑간을 하고 식혀 둔다.

3 » 양파는 가로로 반 자른 후 얇게 슬라이스 하고 체에 발쳐 찜기에서 익을 때까지 찐다.

4 » 오이는 얇게 썬 후 소금을 조금(분량 외) 넣고 버무린 후 숨이 죽으면 물기를 짠다.

5 » 충분히 물기를 짠 **2**를 **1**에 넣고 **3**, **4**, 기름을 뺀 참치도 넣은 후 **B**와 버무린다.

[재료] 만들기 쉬운 양

- 믹스빈즈(익힌 것) 200g
- 톳 20g
- 양파(큰 것) 1/4개(80g)
- 오이 1개
- 참치 통조림(작은 것) 1캔

A 설탕 2작은술
간장 2작은술
식초 4작은술

B 마요네즈 70g
간장 2/3큰술
후추 조금
다시마차 1/4작은술
식초 1작은술

전날준비 완성까지 OK
보관방법 냉장고에서 약 3일간

Tip

믹스빈즈는 밑간이 잘 배도록 가볍게 데쳐 둔다.

고구마 우엉 샐러드

[조리법]

1 » 고구마는 막대 모양으로 자른 후 물에 헹군다. 체에 발쳐 물기를 제거하고 찜기에서 익을 때까지 찐다. 모양이 일그러지지 않게 주의한다.

2 » 우엉은 씻어서 길이 5cm, 폭 5mm 정도의 막대 모양으로 자른다. 씹히는 맛이 남아 있을 정도로 삶아 체에 발쳐 뜨거울 때 식초를 뿌려 밑간 한 후 식힌다.

3 » 껍질콩은 1분 정도 소금물에 데쳐 찬물에 담갔다 물기를 닦아낸 후 3cm 길이로 자른다.

4 » 볼에 **A**를 섞은 후 **1, 2, 3**을 버무린다.

[재료] 만들기 쉬운 양

- 고구마(중간 크기) 1개(200g)
- 우엉 1/2개(100g)
- 껍질콩 10개
- 식초 적당량

A 마요네즈 3큰술
참깨 1큰술
설탕 1/2큰술
식초 1/2큰술
간장 1/2큰술
참깨 페이스트 2큰술

전날준비 완성까지 OK
보관방법 냉장고에서 약 3일간

Tip

고구마의 형태를 그대로 잘 유지하고 싶다면 자르고 나서 찌면 된다.

양배추 당근 카레 샐러드

[조리법]

1 » 양배추는 큼직하게 썰고 당근은 채썰어 내열용기에 넣는다. 수증기가 빠져나가지 않도록 비닐랩을 넉넉하게 씌워 전자레인지에서 2분간 데운다.

2 » 물기를 버리고 뜨거울 때 **A**를 섞은 후 식힌다.

[재료] 만들기 쉬운 양

◦ 양배추 2~3장
◦ 당근 1/4개(50g)

A ◎ 카레 드레싱

카레가루 1/2작은술
식초 1작은술
소금 1/4작은술
후추 조금
식용유 2작은술

전날 준비　완성까지 OK
보관 방법　냉장고에서 약 3일간

고구마 콩 카레 샐러드

[재료] 만들기 쉬운 양

- 고구마(중간 크기) 1개(200g)
- 양파(큰 것) 1/4개(80g)
- 오이 1개
- 믹스빈즈(익힌 것) 200g
- 소금, 후추 각각 조금

A 설탕 1작은술
간장 1작은술
식초 2작은술

B 마요네즈 70g
카레가루 1큰술
굴소스 2/3큰술
간장 1작은술

전날준비 완성까지 OK
보관방법 냉장고에서 약 3일간

[조리법]

1 » 고구마는 통째로 찜기에 넣어 부드러워질 때까지 찐다. 열이 가시면 1cm 폭의 은행잎 모양으로 썰고 소금, 후추를 뿌려 식혀 둔다.

2 » 양파는 가로로 반 자른 후 얇게 슬라이스 한다. 체에 밭쳐 찜기에서 부드러워질 때까지 찌고 그대로 식혀 둔다.

3 » 오이는 얇게 썰어 소금을 조금(분량 외) 넣고 버무린 뒤 숨이 죽으면 물기를 짠다.

4 » 믹스빈즈는 살짝 데친 후 체에 밭쳐 물기를 제거한다. 볼에 옮겨 A로 밑간을 한 후 식혀 둔다.

5 » 1, 2, 3, 4를 B와 버무린다.

Tip

고구마 모양이 일그러져도 상관없는 경우에는 통째로 찌고 나서 자르면 된다.

무 소금 마파 볶음

[조리법]

1 » 붉은 고추는 씨를 제거하고 잘게 썬다. 무는 1.5cm 크기로, 쪽파는 잘게 썰어 둔다.

2 » 프라이팬에 식용유를 1큰술(분량 외) 두르고 **A**를 넣어 중불에서 볶는다. 향이 올라오면 다진 돼지고기를 넣고 익을 때까지 볶는다.

3 » **2**에 무도 넣어 볶고 기름이 퍼지면 **B**를 넣는다. 끓으면 뚜껑을 덮고 약불에서 조린다.

4 » 무가 부드러워지면 물에 푼 녹말가루로 걸쭉하게 만들고 참기름도 넣어 바짝 조린다. 불을 끄고 쪽파를 뿌린다.

[재료] 만들기 쉬운 양

- 돼지고기(다진 것) 100g
- 무(큰 것) 1/3개(300g)
- 쪽파 적당량
- 녹말가루(물에 푼 것) 적당량
- 참기름 적당량

A 양파(다진 것) 1큰술
생강(다진 것) 1작은술
붉은 고추 1개

B 물 300cc
치킨스톡(분말) 2작은술
소금 1/2작은술
청주 1큰술

전날준비 **1**까지 OK

보관방법 냉장고에서 약 3일간

매콤 볶음의 응용레시피는 90쪽 참조.

가는 당면 볶음

[조리법]

1 » 삼겹살은 먹기 좋은 크기로 잘라 청주, 간장을 조금(둘 다 분량 외) 넣어 밑간을 해둔다.

2 » 가는 당면은 끓는 물에 넣고 2분 정도 뒀다가 체에 밭쳐 물로 씻은 후 먹기 좋게 자른다.

3 » 양파는 얇게 썰고 당근은 채썬다. 부추는 3cm 길이로 자른다.

4 » 프라이팬에 참기름을 두르고 가열해 삼겹살을 볶는다. 반 정도 익으면 양파, 당근을 넣고 중불에서 볶고 숨이 죽으면 **A**와 당면을 더한다. 국물이 없어지면 부추도 넣어 살짝 볶는다.

[재료] 만들기 쉬운 양

- 삼겹살(얇게 썬 것) 100g
- 당면(가는 것) 50g
- 양파(큰 것) 1/4개(80g)
- 당근 적당량
- 부추 1/4단
- 참기름 1/2큰술

A 치킨스톡(분말) 1/2작은술
설탕 1/2큰술
청주 1/2큰술
간장 1큰술
굴소스 1큰술
물 1/2컵

전날준비 **1**과 **3**만 OK
보관방법 불가

껍질완두콩 참치 볶음

[조리법]

1 » 껍질완두콩은 심을 없애고 참치는 기름을 빼 둔다.

2 » 프라이팬에 식용유를 넣고 가열해 껍질완두콩을 중불에서 볶는다. 기름이 퍼지면 물을 2큰술(분량 외)을 넣고 뚜껑을 비스듬하게 덮은 후 중불에서 2~3분 정도 끓이며 수분을 날린다.

3 » 뚜껑을 열어 참치와 간 생강을 넣어 재빠르게 섞은 후 A도 넣어 강불에서 살짝 볶는다.

[재료] 만들기 쉬운 양

- 껍질완두콩 10개(100g)
- 참치 통조림(작은 것) 1/2캔
- 생강(간 것) 조금
- 식용유 1/2큰술

A 청주 1/2큰술
간장 1/2작은술
소금, 후추 각각 조금

전날 준비 불가

보관 방법 불가

참깨 미소된장 애호박 볶음

[조리법]

1 » 애호박은 대강 큼직하게 썬다.

2 » 작은 냄비에 식용유를 두르고 가열해 애호박을 볶는다. 기름이 퍼지면 물 50cc(분량 외)를 넣고 뚜껑을 비스듬하게 덮어 강불에서 3분 정도 조린다.

3 » 뚜껑을 열어 **A**를 섞고 조리며 볶는다. 마무리로 참깨를 뿌린다.

Tip

애호박은 큼직하게 자르는 게 포인트다. 염분을 더하면 수분이 많이 나오기 때문에 강불에서 볶고 국물을 조려 식감이 남아 있도록 한다.

[재료] 만들기 쉬운 양

- 애호박 1개(200g)
- 식용유 1큰술
- 참깨 적당량

A 미소된장 1큰술
설탕 1큰술
청주 1큰술
생강(간 것) 1/2작은술

전날 준비 불가
보관 방법 불가

카레 비지 볶음

[조리법]

1 » 베이컨은 1cm 폭으로 자른다. 유부는 가로로 반 잘라 채썬다. 마른 표고버섯은 따뜻한 물에서 불린 후 물기를 짜 반으로 잘라 채썬다. 당근도 채썰고 쪽파는 잘게 썬다.

2 » 프라이팬에 식용유를 1큰술(분량 외) 두르고 가열해 베이컨, 표고버섯, 당근을 약불에서 잘 볶아 준다. 당근이 숨이 죽으면 비지와 유부를 넣고 중불에서 살짝 볶은 후 카레가루를 더해 잘 볶아 준다.

3 » **A**를 넣고 국물이 없어질 때까지 볶은 후에 불을 끈다. 쪽파, 마요네즈를 더해 섞고 소금, 후추로 간을 맞춘다.

[재료] 만들기 쉬운 양

- 비지 200g
- 베이컨 2장
- 유부 1장
- 표고버섯(말린 것) 1장
- 당근 40g
- 쪽파 적당량
- 카레가루 1큰술
- 마요네즈 1큰술
- 소금, 후추 각각 조금

A 물 300cc
콘소메(분말) 1큰술
설탕 1큰술
간장 1큰술 반

전날준비 완성 또는 1까지 OK
보관방법 냉장고에서 약 3일간

팽이버섯 멸치 볶음

[조리법]

1 » 팽이버섯은 반으로 잘라 가닥가닥 찢어 놓는다.

2 » 프라이팬에 식용유를 두르고 가열해 팽이버섯을 중불에서 볶는다. 숨이 죽으면 **A**와 잔멸치를 넣고 강불에서 살짝 볶는다. 불을 끄고 파래가루를 뿌린다.

[재료] 만들기 쉬운 양

- 팽이버섯 1팩
- 잔멸치 10g
- 식용유 1/2큰술
- 파래가루 적당량

A 청주 1큰술
물 1큰술
간장 1작은술
소금 조금

전날 준비 **1**까지 OK
보관 방법 불가

오크라 카레 볶음

[조리법]

1 » 오크라는 소금(분량 외)을 뿌려 비벼 씻고 꽃받침 부분을 제거한다.

2 » 프라이팬에 식용유를 두고 가열해 중불에서 오크라를 볶는다. 기름이 퍼지면 **A**를 넣고 강불에서 국물이 없어질 때까지 볶는다.

[재료] 만들기 쉬운 양

- 오크라 10개
- 식용유 1/2큰술

A 소금 조금
카레가루 1/4작은술
간장 1작은술
물 50cc

전날 준비 **1**까지 OK
보관 방법 불가

Tip

오크라는 가볍게 재빨리 볶아야 식감과 색깔을 살릴 수 있다.

방울토마토 간장 볶음

[조리법]

1 » 방울토마토는 씻어서 꼭지를 제거한다.

2 » 프라이팬에 식용유를 두르고 가열한 후 방울토마토를 중불에서 볶는다. 껍질이 터지기 시작하면 재빨리 간장을 넣고 가볍게 섞는다.

[재료] 만들기 쉬운 양

- 방울토마토 10개(150g)
- 식용유 1/2큰술
- 간장 1/2작은술

전날준비 불가

보관방법 불가

당근 오렌지 마리네

[재료] 만들기 쉬운 양

- 당근 1개(200g)
- 오렌지 1개

A 소금 1/2작은술
후추 조금
설탕 1작은술
꿀 2작은술
식초 1큰술
레몬즙 2큰술
올리브오일 1큰술

전날준비 모두 필수
보관방법 냉장고에서 3일간

[조리법]

1 » 당근은 굵게 채썬다. 내열용기에 넣고 비닐랩을 씌워 전자레인지에서 3분 정도 데운 후 식혀 둔다.

2 » 오렌지는 칼로 껍질을 벗겨 한입 크기로 자른다.

3 » 볼에 A를 섞고 물기를 가볍게 뺀 당근과 오렌지를 더해 버무린 후 2~3시간 재워 둔다.

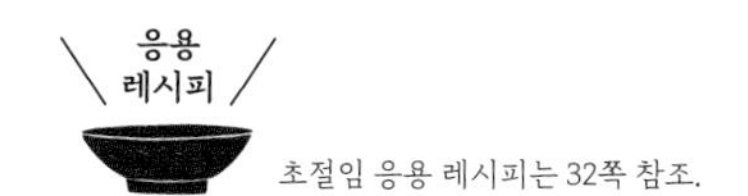

초절임 응용 레시피는 32쪽 참조.

오렌지는 귤이나 자몽 등 다른 감귤 계열로 대체 가능하다.

콩 카레 마리네

[조리법]

1 » 양파는 다져서 냄비에 넣고 **A**를 넣은 후 강불에서 끓인다. 끓으면 불을 끄고 식초를 넣는다.

2 » 믹스빈즈는 가볍게 데친 후 체에 발쳐 물기를 빼고 뜨거울 때 **1**에 절여 반나절 재운다.

식초는 신맛이 날아가지 않도록
불을 끈 뒤에 넣는다.

[재료] 만들기 쉬운 양

- 믹스빈즈(익은 것) 200g
- 양파(중간 크기) 1/4개(50g)
- 식초 40cc

A 물 90cc
소금 1작은술
설탕 1큰술
콘소메(분말) 1작은술
카레가루 1작은술

전날준비 불가
보관방법 불가

붉은 양파 마리네

[조리법]

1 » 붉은 양파는 반으로 자른 후 5mm 폭으로 자른다.

2 » 내열용기에 붉은 양파와 **A**를 넣어 가볍게 섞은 후 비닐랩을 씌워 전자레인지에서 3분 정도 데운 후 하루 재운다.

[재료] 만들기 쉬운 양

- 붉은 양파(중간 크기) 2개

A 소금, 후추 각각 적당량
식초 150cc
설탕 2큰술
꿀 2작은술

전날준비 모두 필수
보관방법 냉장고에서 약 2주일간

고구마 톳 절임

[조리법]

1 » 고구마는 7~8mm 길이의 은행잎 모양으로 썰고 찜기에서 익을 때까지 찐다. 모양이 일그러지지 않게 주의한다.

2 » 톳은 물에 불린 후 씻어서 모래를 털어 낸다. 냄비에 톳과 물을 넣고 끓으면 체에 밭쳐 둔다. 열이 가시면 물기를 충분히 짜고 뜨거울 때 **A**에 절인다.

3 » **2**에 고구마를 넣고 가볍게 섞어 식힌다.

[재료] 만들기 쉬운 양

- 고구마(중간 크기) 1개(200g)
- 톳 10g

A 참깨(으깬 것) 1큰술 반
설탕 1큰술 1/3
식초 1큰술
간장 1큰술
참기름 1작은술

전날 준비 완성까지 OK
보관 방법 냉장고에서 약 3일간

Tip

톳이 뜨거울 때 양념해서 간이 배게 한다.

가지난반

[조리법]

1 » A를 섞어 놓는다.

2 » 가지는 막대 모양으로 썰어 180도로 가열한 기름에서 살짝 튀긴 후 1에 절여 식힌다.

[재료] 만들기 쉬운 양

◦ 가지(작은 것) 3개
◦ 튀김용 기름 적당량

A 간장 1큰술
설탕 1큰술
식초 1큰술
붉은 고추(잘게 썬 것) 적당량

전날 준비 완성까지 OK

보관 방법 냉장고에서 약 3일간

껍질완두콩과 만가닥버섯 나물

[조리법]

1 » 껍질완두콩은 줄기를 제거하고 소금물에 살짝 데쳐 재빨리 식힌다.

2 » 당근은 채썰고, 만가닥버섯은 작은 송이로 떼어 내 각각 소금물에 살짝 데친다.

3 » 1과 2의 물기를 충분히 뺀 뒤 A로 무친다.

[재료] 만들기 쉬운 양

- 껍질완두콩 10개
- 만가닥버섯 1/3팩
- 당근 적당량

A 참기름 1큰술
간장 1/2큰술
설탕 조금
소금, 후추 각각 조금

전날준비 2까지 OK

보관방법 불가

참깨 무침, 으깬 두부 참깨 무침의 응용 레시피는 51, 104쪽 참조.

실곤약 무침

[조리법]

1 » 실곤약을 대강 썰고 데친 후 물기를 빼 둔다. 당근은 채썬다.

2 » 식용유를 두르고 가열해 당근, 실곤약 순으로 중불에서 볶는다. 당근의 숨이 죽으면 맛술을 더해 살짝 볶고 불을 끈 후 유카리를 섞는다. 시간이 지나면 변색되지만 맛은 변하지 않는다.

[재료] 만들기 쉬운 양

- 실곤약 1봉지(200g)
- 당근 1/7개(30g)
- 유카리(차조기 말린 가루) 1작은술 반
- 맛술 1작은술
- 식용유 1/2큰술

전날 준비 완성 또는 1까지 OK

보관방법 냉장고에서 약 2일간

콜리플라워 머스터드

[조리법]

1 » 볼에 **A**를 섞어 둔다.

2 » 콜리플라워는 작은 송이로 떼어내 1분 동안 소금물에 데친다. 물기를 빼고 뜨거울 때에 **1**에 넣고 버무린다. 간이 배면 식힌다.

Tip

케첩을 더하면 깊이와 달콤함이 더해진다.

[재료] 만들기 쉬운 양

- 콜리플라워(큰 것) 1/4개(150g)

A 홀그레인 머스타드 1작은술
케첩 1작은술
식초 1큰술
식용유 1큰술
소금 조금
설탕 조금

전날 준비 완성까지 OK
보관 방법 냉장고에서 3일간

연어 감자밥

[조리법]

1 » 쌀은 씻어서 밥솥에 넣고 물은 보통 밥 지을 때의 양으로 넣는다.

2 » 연어에 청주를 뿌려둔다. 감자는 한입 크기로 자른다.

3 » 쌀 위에 다시마, 연어, 감자를 얹어 밥을 짓는다. 밥이 완성되면 곧바로 다시마와 연어를 꺼낸다. 연어는 뼈를 제거하고 살을 발라낸다.

4 » 뜸 들인 밥에 발라낸 연어살과 A를 섞는다.

[재료] 만들기 쉬운 양

◦ 쌀 2홉
◦ 연어(소금 간 연하게) 2마리
◦ 감자 2개
◦ 다시마(5cm 크기) 1장
◦ 청주 1큰술

A 소금 2/3큰술
버터(무염) 8g
흑후추 조금

전날준비 불가
보관방법 불가

토란 멸치밥

[조리법]

1 » 쌀은 씻어서 밥솥에 넣고 물은 보통 밥 할 때의 양으로 맞춘다.

2 » 토란은 껍질을 벗겨 소금에 버무린 후 씻어서 한입 크기로 자른다. 잔멸치는 체에 밭쳐 뜨거운 물로 헹궈 냄새를 없애고 물기를 빼둔다.

3 » 쌀에 **A**를 섞고 **2**를 얹어 취사한다.

[재료] 만들기 쉬운 양

- 쌀 2홉
- 토란(작은 것) 6개
- 잔멸치 60g

A 소금 2/3 작은술
청주 1큰술
간장 1큰술

전날준비 불가
보관방법 불가

Tip

토란은 소금에 버무려 표면의 매끈거리는 점액을 씻어 내 간이 잘 배게 해 둔다.

고구마 팽이버섯 영양밥

[조리법]

1 » 쌀은 씻어서 체에 발쳐 둔다.

2 » 고구마는 2cm 크기로 썰어 물에 헹군 후 체에 발친다. 팽이버섯은 3등분으로 손질한다. 유부는 가로로 반 잘라 1cm 폭으로 자른다.

3 » **1**과 **A**를 밥솥에 넣어 가볍게 섞은 후 쌀 분량에 알맞게 육수를 넣고 **2**를 얹어 밥을 짓는다.

[재료] 만들기 쉬운 양

- 쌀 2홉
- 고구마(큰 것) 1/2개
- 팽이버섯(작은 팩) 1팩
- 유부 1장
- 육수 적당량

A 간장 1큰술 반
맛술 1큰술 반
청주 2/3큰술
소금 한 꼬집

전날준비 불가
보관방법 불가

옥수수 꽃새우밥

[조리법]

1 » 쌀은 씻어서 밥솥에 넣고 물은 보통 밥 지을 때의 양으로 맞춘다.

2 » 옥수수는 칼로 알갱이만 발라 낸다(옥수수 통조림을 사용할 경우에는 국물을 빼 둔다). 생강은 채썰고 꽃새우는 프라이팬에서 기름 없이 볶는다.

3 » 1에 A를 넣어 가볍게 섞고 2를 얹어 밥을 짓는다.

[재료] 만들기 쉬운 양

- 쌀 2홉
- 옥수수 1개 분량 (200g)
  ※통조림도 가능
- 생강 1개
- 꽃새우 10g

A 간장 1큰술
소금 1작은술

전날준비 불가

보관방법 불가

Tip

꽃새우를 볶으면 풍미가 더해져 맛이 깊어진다.

계절별 야채 백서

제철 야채는 영양가가 풍부하고 맛있을 뿐만 아니라 저렴하게 구입할 수 있다는 점도 매력적이다.
여기서는 내 나름대로 간단한 백서를 정리해 보았다.
계절별로 나오는 야채를 맛보고 요리를 즐겼으면 하는 바람이다.

봄철 야채

겨울 끝자락부터 여름에 걸쳐 차례로 나오기 시작한다. 싱싱함과 특유의 쓴맛, 향을 즐길 수 있다.

- 4월쯤 햇양파가 나오기 시작하면 평범한 요리가 한층 더 맛있어진다. 나는 소고기와 햇양파로 만든 오믈렛을 무척이나 좋아한다. 굵은 파 같은 이파리를 먹을 수 있는 것도 이 시기뿐이다. 조림 요리에 쓰면 그만이다.
- 간사이 지방에서는 완두콩밥의 콩은 연두콩을 쓴다. 껍질이 부드럽고 품격 있는 맛이다. 껍질을 벗겨 냉동해 두면 오랫동안 먹을 수 있다.
- 죽순도 이 시기에만 나오는 야채다. 손이 많이 가지만 데쳐서 식초물에 담가 두면 7일은 간다.
- 다 익은 딸기는 아이스바용으로 냉동해 둬야 한다.

여름철 야채

매일 수확되는 양이 많아 저렴한 값에 나온다. 많이 만들어 풍성하게 먹을 수 있는 요리를 만든다.

- 푸른 고추뿐만 아니라 피망도 신선한 것은 씨까지 먹을 수 있다. 흐물흐물해질 때까지 조려 통째로 먹는다.
- 토마토껍질을 뜨거운 물에서 벗기고 큼직하게 잘라 소금과 올리브오일을 뿌리는 것만으로도 훌륭한 샐러드가 된다. 참기름을 넣어도 맛있다. 완숙한 토마토가 많이 나오는 시기는 토마토를 끓인 뒤 큼직하게 썰어 냉동해 두면 수프나 카레에 그대로 활용할 수 있다.
- 나는 요즘 가지를 1~2일 소금물에 담가 두기만 하면 되는 즉석 절임에 빠져 있다. 가다랑어포와 간장을 뿌리는 것만으로도 맛이 좋아진다. 하지만 샐러드에 넣어도 가지의 감칠맛이 더해져 맛있다.

가을철 야채

뿌리채소 등의 맛이 진하고 영양가도 높아진다. 겨울철을 대비해 잘 먹어두고 싶은 야채들이다.

- 고구마는 오랫동안 보관할 수 있기 때문에 1년 내내 나온다. 하지만 일본산 단호박은 이 시기에만 나온다. 고로케나 샐러드에는 역시 달달한 게 맛있다는 생각이 든다.
- 10월 중순에는 단바(교토와 효고의 중동부 지역)에서 검은 풋콩이 나온다. 짧은 기간이지만 기대하고 있다. 나는 단단한 정도로 소금물에 삶는 것을 좋아한다.
- 배, 사과, 감, 요리에 곁들이고 싶은 과일이 나온다. 과일의 신맛, 단맛, 향기가 조미료를 대신해 준다.

겨울철 야채

특히 서리가 내린 뒤에는 단맛이 나와 수분도 많아져 맛있어진다.

- 무, 배추 등은 크지만 신문에 싸 바깥에 놔둘 수 있기 때문에 장소를 차지하지 않는다.
- 시금치, 쑥갓 등 푸른 채소가 많이 나오는 시기다. 특히 쑥갓은 계절이 지나면 값이 급등하기 때문에 이 시기에 많이 먹어 두면 좋다. 데쳐서 찐 홍당무와 참깨 무침은 카모메 식당에서도 인기가 많다. 나도팽나무버섯과 쑥갓이 들어간 중국식 국요리는 쑥갓을 잘 못 먹는 사람에게도 추천하는 메뉴다.
- 귤, 금귤, 밀감, 오렌지, 한라봉 등 감귤의 계절이다. 모두 요리에 잘 어울리는 과일이다.